KB242254

| 과학자가 들려주는 과학 이야기 51-60권

통합형 논술 활용노트 6

통합형 논술 활용노트 6

초판 1쇄 발행일 | 2010년 9월 20일
초판 4쇄 발행일 | 2013년 10월 18일

펴낸이 | 황광수
펴낸곳 | (주)자음과모음

주　　간 | 정은영
편　　집 | 장기선, 노희성, 김소희
디 자 인 | 이연경
제　　작 | 시명국
마 케 팅 | 박현경, 김정혜, 유혜영
영　　업 | 조광진, 안재임

출판등록 | 2001년 11월 28일 제313-2001-259호
주　　소 | 121-840 서울 마포구 서교동 396-33번지
전　　화 | 편집부 (02)324-2347, 경영지원부 (02)325-6047
팩　　스 | 편집부 (02)324-2348, 경영지원부 (02)2648-1311
e-mail | jamoteen@hanmail.net
Home page | www.jamo21.net

ISBN 978-89-544-2286-4 (44400)
ISBN 978-89-544-2280-2 (set)

• 잘못된 책은 교환해 드립니다.

과학자가 들려주는 과학 이야기 51-60권

통합형 논술 활용노트 6

(주)자음과모음

차례

통합형 논술 활용노트

통합형 논술 활용노트란?

〈과학자가 들려주는 과학 이야기〉 시리즈의 독서 후 활동으로 활용되는 통합형 논술 활용노트입니다.

노트 활용하기!

첫 번째, 책을 다 읽고 나서 노트에 있는 문제들을 풀어 보도록 합니다.

두 번째, 모르는 문제는 그냥 넘어가도록 합니다.

세 번째, 문제를 다 풀었으면 책에서 답을 구해 보도록 합니다.

네 번째, 문제 중에는 여러분의 개인적인 생각을 써야 하는 부분이 있습니다. 자신의 생각을 논리적으로 적어 보도록 합니다.

다섯 번째, 어떤 이론이든 한 번에 나온 것은 없습니다. 과학자들이 실패를 거듭함으로써 얻어진 결과입니다. 여러분이라면 어떤 가설을 세웠을지 생각해 보도록 합니다.

여섯 번째, 노트는 책이 아닙니다. 말 그대로 여러분이 쓰고 싶은 것들을 연습장처럼 쓰면 됩니다.

일곱 번째, 노트의 맨 뒤에는 문제 풀이가 있습니다. 책을 찾아봐도 이해가 되지 않는 문제를 중심으로 보기 바랍니다. 이 노트는 채점을 위한 시험이 아닙니다. 얼마나 책을 잘 읽었는지, 잘 이해하고 있는지를 스스로 확인해 보는 것입니다.

051

에라토스테네스가 들려주는 지구 이야기

첫 번째 수업

01 지구와 생명체의 탄생

1 지질은 은생이언, 현생이언으로 구분합니다. 기준이 되는 것은 무엇인가요?

2 다양한 생명체 중 가장 먼저 태어난 것과 가장 나중에 태어난 것은 각각 무엇인가요?

POINT

오파린은 원시 대기의 상태를 만들어 놓고 실험을 했습니다. 1주일 후 탁하고 검붉은 액이 플라스크에 생겼습니다. 그것의 실체는 아미노산이었습니다. 오파린의 '생명 탄생 이론'이 옳다는 것이 입증되었습니다.

두 번째 수업

02 지구의 나이

1 절대 연대 측정법에는 방사성 원소가 활용됩니다. 그 까닭은 무엇인가요?

2 방사성 붕괴를 이용해서 연대를 추정하려면 반드시 알아야 할 게 있습니다. 바로 반감기입니다. 반감기란 무엇인가요?

POINT

자연은 안정한 상태를 선호합니다. 불안정한 원소(무거운 원자핵은 대개가 불안정함)는 붕괴해서 안정한 원소가 되려고 합니다. 방사성 원소가 방사선을 방출하는 이유입니다.

세 번째 수업

03 365일과 달력 그리고 윤달과 윤년

음력에서 3년에 한 번씩 한 달을 넣어 주는 것을 윤달이라고 합니다. 왜 윤달이 생기는 것일까요?

POINT

이집트 인은 가장 밝은 별인 시리우스의 출현과 나일 강의 범람 시기로부터 1년을 365일로 정해서 사용했습니다.

네 번째 수업

04 지구의 모양과 둘레

1 시에네의 위도는 알렉산드리아보다 낮습니다. 시에네가 알렉산드리아보다 남쪽에 위치해 있는 것입니다. 에라토스테네스는 시에네와 알렉산드리아에 같은 길이의 막대기를 세워 놓고, 같은 시각에 그림자의 길이를 측정해 보았습니다. 그런데 두 지방에서 잰 그림자의 길이는 달랐습니다. 이것으로 미루어 짐작할 수 있는 사실은 무엇인가요?

POINT

에라토스테네스는 시에네와 알렉산드리아의 거리와 그림자의 비를 이용해서 지구의 둘레를 계산했습니다. 막대기와 사람의 보폭을 이용해서 실제 평균 둘레와 비슷한 값을 얻었다는 것은 실로 대단한 업적입니다.

2 지구의 둘레를 계산할 때 사용한 동위각의 원리란 무엇인가요?

3 시에네(A)와 알렉산드리아(B)의 위도 차이는 7°입니다. 그러니 호 AOB가 이루는 각도도 똑같은 7°가 됩니다. 동위각의 원리를 적용하면 다음과 같은 비례식이 만들어집니다.

호 AOB가 이루는 각도 : 원의 각도 = 호 AOB의 길이 : 원의 둘레

이때 원의 둘레는 무엇에 해당하나요?

다섯 번째 수업

05 지구의 구체적인 형태

뉴턴은 지구 자전으로 인해서 생기는 원심력의 차이로 지구가 타원체로 되었다고 생각했습니다. 지구 중심까지 들어가지 않고 뉴턴의 예측을 검증할 수 있는 방법은 무엇인가요?

POINT

지구가 자전을 하면 원심력에 의해 회전축에서 멀어질수록 바깥으로 밀려나려는 힘이 더 세어집니다. 적도 지방은 지구 중심에서 가장 먼 지역입니다. 그래서 지구 회전의 영향을 가장 많이 받습니다. 적도 지역이 밖으로 튀어나갈 수밖에 없는 것입니다.

2 편평도란 편평한 정도를 나타내는 양으로 다음과 같이 나타낼 수 있습니다.

$$e=\frac{a-b}{a}$$

여기서 e는 편평도, a는 적도 반지름, b는 극반지름입니다. 편평도의 값과 지구 모양은 어떤 관련이 있을까요?

여섯 번째 수업

06 지구로 내려오는 자외선

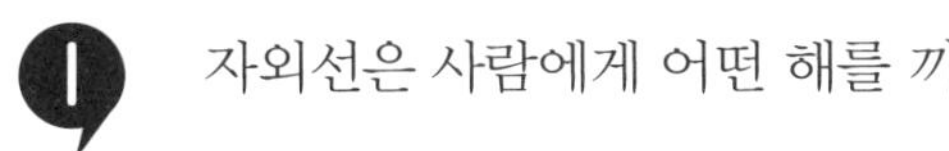

1 자외선은 사람에게 어떤 해를 끼치나요?

2 생활 속에서 자외선을 차단하는 방법에는 어떤 것들이 있을까요?

POINT

태양빛은 눈으로 볼 수 있는 가시광선과 눈으로 볼 수 없는 적외선, 자외선 그리고 X선 등 다양한 광선으로 이루어져 있습니다. 그중 자외선은 사람에게뿐 아니라 다른 생명체에도 큰 해악을 끼칩니다.

일곱 번째 수업

07 지진과 지구 내부

1 지진파는 표면파와 실체파로 구분합니다. 표면파와 실체파는 각각 무엇인가요?

2 모호로비치치 불연속면 위와 아래, 그리고 레만면의 위와 아래는 어떻게 구분하나요?

POINT

지구의 내부는 지각, 맨틀, 모호면, 외핵, 내핵으로 구분됩니다. 이렇게 지구의 내부를 알 수 있는 것은 지진파가 있기 때문입니다. 지진파는 우리가 직접 땅속으로 들어가지 않아도 지구 내부의 구조를 알 수 있게 해 줍니다.

여덟 번째 수업

08 판 구조론과 지진

1 지질 연대 측정의 선구자인 영국의 홈스가 주장한 맨틀 대류설은 무엇인가요?

2 지구의 판과 판이 움직이며 맞닿으면 마찰열이 생깁니다. 열에너지가 쌓였다가 폭발하면 어떤 현상이 일어나나요?

POINT

대륙이 이동했다는 여러 가지 증거를 판 구조론으로 설명하고, 지진이 일어나는 것을 맨틀 대류설로 설명하여 그동안 풀지 못했던 지구 내부에서 일어나는 여러 가지 일들을 해결할 수 있었습니다.

아홉 번째 수업

09 지구와 환경 오염

1 수질 오염을 가늠하는 지표로 생물학적 산소 요구량(BOD)과 화학적 산소 요구량(COD)을 가장 널리 사용합니다. 각각을 설명해 보세요.

2 세계 각국은 핵 물질을 실은 선박이 자국 영해로 들어오는 것을 싫어합니다. 왜 그럴까요?

POINT

사회가 고도로 발전하면서 환경 오염도 점점 많아지고 있습니다. 물, 토양, 공기 등 우리가 생활하는 터전들이 조금씩 병들어 가고 있는 것입니다. 중금속이나 핵 오염은 환경을 돌이킬 수 없는 상태로 만들어 버리기도 합니다.

마지막 수업

10 지구와 생태계

1 지구 생태계는 크게 생물계와 비생물계로 이루어져 있습니다. 다시 생물계는 세 가지로 구분하는데 각각 무엇일까요? 또 그 대표적인 예를 쓰세요.

2 먹이 피라미드는 왜 아래가 넓고 위가 좁은지 그 이유를 적어 보세요.

POINT

현재 우리의 자연은 많이 훼손돼 있습니다. 스모그, 산성비, 물과 공기의 오염, 쓰레기의 범람은 그러한 신호의 일부분에 불과할 따름입니다. 생태계를 보존하기 위해서 무분별한 행동을 하지 말아야 하며, 환경을 보호해야 합니다.

052

보일이 들려주는 기체 이야기

PV=nRT

W=F·S

Q=c·m·Δt

첫 번째 수업

01 원소란 무엇일까요?

1 탈레스는 물은 세상의 모든 생물에게 없어서는 안 될 귀중한 원소이므로 모든 생물이나 사물은 물로 이루어져 있다고 생각했습니다. 탈레스가 생각한 세 종류의 물은 바로 물의 세 가지 상태입니다. 각각 무엇인가요?

2 원소란 무엇인가요?

POINT

그리스 과학자인 탈레스는 물의 세 가지 상태가 기본 물질이라고 생각했으며, 아리스토텔레스는 불, 물, 공기, 흙이 기본 원소라고 했습니다. 결국 보일은 원소를 더 이상 분해되지 않으며 물질을 이루는 기본 성분이라고 정의했습니다.

두 번째 수업

02 원자란 무엇일까요?

1 일정 성분비의 법칙이란 무엇인가요? 설명해 보세요.

2 베르톨레는 철의 산화물들을 분석하여 그 조성비가 일정하지 않다고 주장했습니다. 그는 어떤 철의 산화물에서는 철과 산소의 조성비가 56:16이고, 또 다른 철의 산화물에는 철과 산소의 조성비가 56:24라는 실험 결과를 내세웠습니다. 왜 이런 차이가 생긴 것일까요?

POINT

배수 비례의 법칙이 성립하는 것은 산소나 탄소가 더 이상 쪼개지지 않는 가장 작은 알갱이들로 이루어져 있기 때문입니다. 이렇게 물질을 이루는 가장 작은 알갱이를 '원자'라고 부릅니다.

세 번째 수업

03 분자 이야기

1 아보가드로는 기체의 부피는 무엇의 부피라고 생각했나요?

2 질소 기체와 수소 기체가 반응하여 암모니아 기체가 생성될 때, 부피비는 질소 : 수소 : 암모니아＝1 : 3 : 2입니다. 암모니아 40mL를 합성할 때, 필요한 질소와 수소 기체의 부피는 각각 몇 mL인가요?

POINT

아보가드로는 돌턴의 원자설에 드러난 문제점을 해결했습니다. 기체의 화학 반응은 원자가 아닌 원자가 여러 개 모인 분자 단위로 일어남을 알려준 것입니다. 분자의 크기는 분자의 종류에 따라 다르며 매우 작습니다.

네 번째 수업

04 공기를 이루는 기체

1 공기는 없어서는 안 되는 존재입니다. 하지만 그 소중함은 쉽게 느끼지 못합니다. 공기처럼 반드시 있어야만 살 수 있는데 좀처럼 그 고마움은 알지 못하는 것에는 어떤 것이 있을까요?

2 이산화탄소와 일산화탄소는 어떻게 다른가요? 두 기체의 다른 점을 설명해 보세요.

POINT

순수한 공기의 성분비를 보면 질소 78.1%, 산소 21.0%, 아르곤이 약 1%, 이산화탄소가 0.03%를 차지합니다. 이 기체들은 각기 다른 성질을 가지고 있습니다.

다섯 번째 수업

05 공기보다 가벼운 기체

1. 물이 가득 담긴 그릇에 나무를 던졌습니다. 나무는 물 위에 둥둥 떠 있습니다. 왜 나무는 물에 뜨는 것일까요?

2. 이산화탄소는 불을 끄는 데 사용됩니다. 불이 난 물체에 이산화탄소 기체를 뿌려 주면 왜 불이 꺼질까요?

3 공기보다 가벼운 기체에는 어떤 것들이 있으며, 각 기체의 특징을 설명해 보세요.

POINT

공기보다 가볍다는 것은 밀도가 공기보다 작다는 것입니다. 수소와 헬륨은 공기보다 밀도가 작아 하늘 위로 올라갑니다. 수소는 산소와 만나면 폭발하므로 주의해야 합니다.

여섯 번째 수업

06 무서운 기체 이야기

1 오존은 지상으로부터 25km에 있는 성층권에 몰려 있습니다. 이들은 어떤 역할을 할까요?

2 플루오르는 무서운 기체라고 합니다. 왜 그런지 플루오르의 특징을 써 보세요.

POINT

기체 중에는 사람에게 해를 끼치는 것도 있습니다. 오존은 성층권에 있을 때는 자외선을 차단해 이로운 기체이지만 지상으로 내려오면 기침, 두통 등이 생깁니다. 그 밖에도 플루오르, 메탄, 염소 등이 있습니다.

일곱 번째 수업

07 보일의 법칙

1 보일의 법칙은 무엇인가요?

2 수심 30m에 있던 잠수부가 수심 3m 지점으로 올라오면 공기는 4배로 부피가 커집니다. 무엇 때문인가요?

POINT

이산화탄소는 물에 잘 녹지 않습니다. 그래서 높은 압력으로 콜라 속에 이산화탄소를 넣은 것입니다. 병을 열면 압력이 낮아지므로 콜라 속에 녹아 있던 이산화탄소가 빠져나오게 됩니다.

여덟 번째 수업

08 샤를의 법칙

1 쪼그라든 탁구공을 뜨거운 물속에 넣으니 원래의 모습으로 돌아왔습니다. 그 이유는 무엇인가요?

2 버너로 공기를 뜨겁게 하자 열기구가 위로 올라갔습니다. 열기구가 위로 올라가는 이유를 설명해 보세요.

POINT

일정한 압력 아래서 기체의 부피는 1℃ 올라갈 때 0℃ 때 부피의 $\frac{1}{273}$만큼 증가한다는 것을 알아냈습니다. 이것이 바로 '샤를의 법칙'입니다.

마지막 수업

09 열기구의 역사

1 비행기는 사람이 '새처럼 날 수 있다면 얼마나 좋을까' 라는 상상에서 만들어졌습니다. 여러분이 만들고 싶은 혹은 발명됐으면 하고 바라는 것은 무엇인지 자유롭게 써 보세요.

POINT

열기구가 하늘로 올라가는 것과 내려오는 것은 모두 샤를의 법칙으로 설명될 수 있습니다. 공기에 열을 가하면 풍선 안의 부피가 커지고 밀도가 작아져 위로 올라가고, 버너를 끄면 공기가 수축해 밀도가 커지게 되어 아래로 내려오게 되는 것입니다.

053

암스트롱이 들려주는 달 이야기

첫 번째 수업

01 우주의 천체들

항성과 행성, 위성의 차이점은 무엇일까요?

다음에서 설명하는 천체는 무엇일까요?

이 천체는 태양계 밖에서 만들어져 다른 행성들의 궤도를 가로지르며 돌아다니는 우주의 무법자입니다.

두 번째 수업

02 옛날 사람들이 생각한 달

1 고대 이집트 사람들은 달의 모양이 바뀌는 것을 우주를 돌아다니는 돼지가 달을 조금씩 갉아 먹기 때문이라고 생각했습니다. 물론 이런 생각은 과학적으로 맞지 않습니다. 하지만 여러분도 상상력을 동원하여 달의 모습이 변하는 이유를 재미있게 적어 보세요.

2 아리스토텔레스가 주장한 제5원소에 대해 설명해 보세요.

03 달의 운동

1 달은 얼마나 무거울까요? 달의 질량과 중력에 대해 설명해 보세요.

2 우리는 항상 달의 앞모습만 볼 수 있습니다. 그래서 우주선이 달을 찍기 전까지는 달의 뒷모습을 몰랐습니다. 우리가 항상 달의 앞모습만 볼 수 있는 이유는 무엇인가요?

네 번째 수업

04 지구와 달

1. 태양이 달보다 훨씬 큰데 왜 지구에서는 태양과 달이 같은 크기로 보일까요?

2. 달은 왜 모양이 변할까요?

3. 월식과 일식에 대해 설명해 보세요.

4. 바닷가에 가 보면 하루에 2번 바닷물이 높아졌다 낮아졌다 합니다. 이런 현상은 왜 생길까요?

다섯 번째 수업

05 달의 중력

1 태식이가 지구에서 몸무게를 재면 600N입니다. 태식이가 달에서 몸무게를 재면 얼마일까요? (N : 무게의 단위, 1kg=10N)

2 지구에서 물체를 떨어뜨렸을 때와 달에서 물체를 떨어뜨렸을 때 물체의 속력 차이는 얼마일까요?

여섯 번째 수업

06 대기가 없는 달

1 달에서는 소리를 들을 수가 없습니다. 왜 그럴까요?

2 달에는 왜 공기가 없을까요?

일곱 번째 수업

07 크레이터 이야기

1 달 표면은 어떻게 생겼을까요?

2 달은 어떻게 만들어졌을까요? 달의 기원에 대한 4가지 이론에 대해 설명해 보세요.

마지막 수업

08 아폴로 이야기

1. 로켓은 어떤 원리로 앞으로 나아가는지 설명해 보세요.

2. 아폴로 11호 우주선의 달 착륙이 가지는 의의는 무엇인가요?

054

칼 세이건이 들려주는 **태양계** 이야기

PV=nRT

W=F·s

Q=c·m·Δt

첫 번째 수업

01 태양계 이야기

1 태양계의 8개 행성을 태양에서 가까운 순서대로 적어 봅시다. 이 중 내행성에 속하는 행성은 무엇인지 써 보세요.

2 행성을 크기에 따라 분류하고, 특징을 적어 봅시다.

두 번째 수업

02 수성 이야기

1 생명체가 살기 어려운 수성의 특징을 정리해 봅시다.

POINT

수성은 태양에서 가장 가까운 행성으로 지구보다 중력이 작습니다.

세 번째 수업

03 금성 이야기

1 태양에 더 가까운 수성보다 금성의 낮이 뜨거운 이유는 무엇일까요?

POINT

'샛별' 이라고도 불리는 금성은 크기나 질량이 지구와 거의 비슷합니다. 그리고 금성도 지구처럼 대기가 있는데 주로 이산화탄소로 이루어져 있습니다.

네 번째 수업

04 지구 이야기

1 지구는 대기가 있어서 축복받은 행성입니다. 지구의 대기가 하는 역할은 무엇일까요?

2 지구의 내부는 지각, 맨틀, 외핵, 내핵으로 이루어져 있습니다. 각각의 특징을 말해 봅시다.

POINT

지구를 둘러싼 거대한 공기를 대기라고 부릅니다.

다섯 번째 수업

05 화성 이야기

1 화성은 붉은 흙먼지가 하늘을 뒤덮고 있습니다. 왜 그럴까요?

2 아주 옛날에는 화성에 강물이 흘렀던 자국이 있습니다. 하지만 지금의 화성에는 물이 없습니다. 왜 그럴까요?

여섯 번째 수업

06 목성 이야기

1 목성에는 400년 전에 최초로 관측된 대적점이라는 거대한 태풍이 아직도 남아 있습니다. 목성의 태풍은 왜 사라지지 않을까요?

2 지구에서 쓰던 나침반을 목성에 가지고 가면 나침반 방향이 어떻게 될까요?

일곱 번째 수업

07 토성 이야기

1 토성의 고리는 무엇으로 이루어졌나요? 토성의 고리에 대해 설명해 봅시다.

여덟 번째 수업

08 천왕성, 해왕성 이야기

1 천왕성에 나침반을 가지고 가면 나침반의 N극이 적도 방향을 가리킵니다. 왜 그럴까요?

2 해왕성에는 다이아몬드가 많습니다. 그 이유는 무엇일까요?

마지막 수업

09 소행성과 혜성

1. 소행성은 화성과 목성 사이에 대부분이 모여 있습니다. 왜 유독 이 지역에 소행성이 몰려 있을까요?

2. 혜성은 무엇으로 이루어졌나요? 그리고 혜성의 꼬리가 항상 태양의 반대쪽을 가리키는 이유는 무엇일까요?

055

멘델레예프가 들려주는 주기율표 이야기

첫 번째 수업

01 원소 기호란 무엇인가?

1 다음 빈칸에 알맞은 말을 쓰세요.

(　　　) ↘ $_{8}O$ ← (　　　)

15.9994 ← (　　　)

(　　　) → 산소

2 원소 기호는 원소를 나타내는 기호입니다. 원소 기호를 정한 이유는 무엇인가요?

POINT

오늘날 사용하는 것과 같은 알파벳으로 된 원소 기호를 고안하고 사용할 것을 주장한 과학자는 스웨덴의 베르셀리우스였습니다. 1812년경, 베르셀리우스는 원소들의 라틴명과 그리스명의 머리글자를 이용하여 원소 기호를 만들었습니다.

두 번째 수업

02 원자와 분자 그리고 원소와 화합물

1 원소와 화합물은 어떻게 다른가요?

2 물은 원소가 아닌 화합물입니다. 물은 어떻게 이루어져 있나요?

POINT

원소는 더 이상 분해되지 않는 순수한 기본 물질입니다. 물은 산소 기체와 수소 기체로 이루어진 화합물입니다. 원소들이 화학 변화를 하면 본래의 성질이 사라집니다. 수소 기체와 산소 기체가 화학 변화를 해서 물이 된 것처럼 말입니다.

세 번째 수업

03 뉴랜즈의 옥타브설

1 뉴랜즈의 옥타브설은 여러 가지 오류가 있었지만 그 나름의 성과도 컸습니다. 뉴랜즈의 옥타브설이 남긴 중요한 성과는 무엇인가요?

2 주기율이란 무엇인가요?

POINT

화학자들은 원소를 몇 개의 모둠으로 분류하려고 했습니다. 모둠의 공통성을 통해 개개 원소의 성질을 쉽고 편리하게 파악함으로써, 물질 세계를 이루는 어떤 규칙성을 발견할 수 있을 것이라고 믿었기 때문입니다.

네 번째 수업

04 멘델레예프의 주기율표

1 그전에 주기율표를 만든 다른 과학자와 멘델레예프의 다른 점은 무엇인가요?

2 멘델레예프의 주기율표가 가진 의의 두 가지는 무엇인가요?

POINT

멘델레예프는 자리에 맞지 않는 원소들을 물음표로 표시하고 그 원소들을 예측했습니다. 에카-알루미늄, 에카-규소, 에카-보론은 곧 게르마늄, 갈륨, 스칸듐으로 밝혀졌습니다.

다섯 번째 수업

05 모즐리의 주기율표

1 모즐리의 법칙이란 무엇인가요?

2 모즐리의 법칙에 의하면 원소의 화학적 성질을 결정하는 것은 무엇인가요?

POINT

오늘날의 원자 번호는 원자핵 속에 들어 있는 양성자 수를 기준으로 합니다. 모즐리는 원소의 화학적 성질을 결정하는 원자 번호를 기준으로 발견되지 않은 원소의 존재를 확인하고 주기율표를 완성했습니다.

여섯 번째 수업

06 현대적 주기율표

1 원자는 양성자, 중성자, 전자라고 불리는 세 종류의 입자로 구성되어 있습니다. 각각 설명해 보고, 원자에서 가장 중요한 값인 원자 번호와 관련있는 구성 입자는 무엇인지 말해 보세요.

2 현대적 주기율표를 제정하고 관리하는 곳은 어디인가요?

POINT

전자들도 사람처럼 방이 있습니다. 전자는 에너지에 따라서 방이 다릅니다. 에너지가 높은 전자는 에너지가 높은 전자 껍질의 방이 여러 개인 오비탈에서 삽니다. 보통의 원자는 가장 에너지가 낮은 상태로 존재하는데 이것을 바닥상태라고 합니다.

일곱 번째 수업

07 주기율 이야기

1 같은 주기에서 원자 번호가 커지면 왜 원자의 반지름은 점점 작아지나요?

2 이온화 에너지는 같은 주기와 같은 족에서 원자 번호가 커질수록 어떻게 변하나요?

여덟 번째 수업

08 주기율표를 이용한 원소의 분류

1 주기율표에서 원소를 분류하는 기준 세 가지를 쓰세요.

POINT

주기율표상의 위치로도 물질의 상태를 짐작할 수 있습니다. 고체인지, 기체인지, 화학적 성질이 복잡한지 단순한지, 전기가 통하는지 안 통하는지를 알 수 있다는 것입니다. 물질의 특징을 한눈에 알 수 있게 만든 보물 지도가 바로 주기율표입니다.

마지막 수업

09 화학 결합의 주기율

1. 화학 결합의 열쇠를 푸는 옥테트 규칙이란 무엇인가요?

2. 실험실에서 소금을 얻는 방법 한 가지를 소개해 주세요.

POINT

최외각 전자의 수는 원자의 화학적 성질을 결정합니다. 그래서 화학자들은 최외각 전자를 원자가 전자라고도 합니다. 원자의 화학적 가치를 나타내는 전자들이라는 뜻입니다.

056

찬드라세카르가 들려주는 별 이야기

첫 번째 수업

01 별 이야기

1 점성술과 천문학을 같은 뜻으로 보는 사람도 있는데 그 둘은 완전히 다릅니다. 점성술과 천문학의 차이점을 쓰세요.

2 우리가 보통 '별' 이라고 하는 것의 과학적인 정의를 내려 주세요.

두 번째 수업

02 별까지의 거리

1 고대 그리스 인들은 계절마다 별자리가 다르게 보이는 것을 어떻게 이해했나요?

2 과학자들은 별과 별 사이의 거리를 측정할 때 '광년' 이라는 단위를 사용하는데, 이것은 얼마를 나타내는 것인가요?

3 '우리가 보는 밤하늘의 별들의 모습은 현재의 모습이 아니라 과거의 모습이다' 라는 것은 무슨 의미인가요?

세 번째 수업

03 별의 밝기

1 밤하늘의 별들은 태양에 비해 어둡게 보입니다. 그 이유는 무엇인가요?

2 별의 겉보기 등급과 절대 등급은 같은 별의 밝기를 나타내더라도 큰 차이가 있습니다. 겉보기 등급과 절대 등급은 무엇인가요?

네 번째 수업

04 별의 색깔

1 별의 색깔은 무엇에 따라 좌우되나요? 그리고 그 이유는 무엇인가요?

2 별들이 태어나는 요람인 성운은 어떤 특징을 가지고 있나요?

05 별의 탄생

1 원시별이 열과 빛을 얻게 되는 것은 어떤 과정인지 설명해 보세요.

여섯 번째 수업

06 별의 진화

1 가벼운 별이 무거운 별보다 더 오래 사는 이유는 무엇인가요?

2 별이 진화하는 과정에서 생기는 변화에는 어떤 것이 있나요?

POINT

별의 밝기와 수명은 원시별의 질량과 밀접한 관계가 있습니다. 일반적으로 별의 밝기는 질량의 세제곱에 비례합니다. 그러니까 태양보다 2배 무거운 별은 태양 밝기의 8배가 되고, 태양 질량의 $\frac{1}{2}$인 별은 태양 밝기의 $\frac{1}{8}$이 됩니다.

일곱 번째 수업

07 별의 죽음

1 사람은 심장이나 뇌가 작동을 멈추었을 때 사망했다고 합니다. 별은 어느 시점을 죽음이라고 하나요?

2 초신성 폭발은 언제 일어나나요?

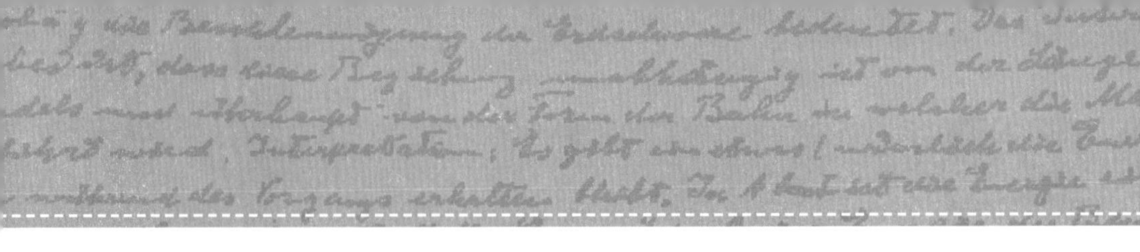

3 처음엔 외계인이 보내는 메시지라고 오해를 받았던 펄스를 내는 천체(펄서)의 비밀은 무엇인가요?

4 블랙홀을 눈으로 볼 수 없는 이유는 무엇인가요?

POINT

1967년 케임브리지 대학의 휴이시 그룹은 규칙적인 펄스를 내는 천체를 발견하였습니다. 펄스는 아주 짧은 시간 동안만 흐르는 전파로, 휴이시 그룹은 이 천체를 펄스를 보내는 천체라는 의미로 '펄서' 라고 불렀습니다.

08 변광성

1 변광성은 어떤 특징을 가진 별인가요?

POINT

태양은 항상 같은 밝기로 빛나지만 별 가운데 밝기가 달라지는 별이 있습니다. 변광성의 밝기가 변하는 주기에 따라 규칙 변광성, 불규칙 변광성이 있습니다.

마지막 수업

09 태양 이야기

1 태양이 스스로 돌고 있다는 것을 흑점을 통해 증명해 주세요.

2 태양도 50억 년 이후에는 그 생을 마감할 것입니다. 지구도 정해진 수명이 있어서 언젠가는 죽음을 맞이할 것이고요. 태양도 죽는다는 사실을 알았는데 어떤 생각이 드나요?

POINT

태양의 표면에 보이는 검은 반점을 태양의 흑점이라고 합니다. 흑점 중에는 지구보다 큰 것도 있습니다. 모양은 거의 둥글며, 지구의 기온이나 기후에 영향을 줍니다.

057

라플라스가 들려주는 천체 물리학 이야기

PV=nRT

W=F·S

Q=c·m·Δt

첫 번째 수업

01 천문학과 천체 물리학

천문학과 천체 물리학은 어떻게 다른가요?

02 천문학의 탄생

1 메소포타미아와 이집트에서 천문학이 탄생할 수 있었던 이유는 무엇일까요?

2 별과 천체를 연구하다가 자연스럽게 점성술이 생겼습니다. 현대에 점성술은 미신으로 여겨지기도 하지만, 많은 사람들은 아직도 점성술로 자신의 미래를 알고자 합니다. 현대 과학이 발전한 지금도 점성술이 인기를 끄는 이유는 무엇일까요? 점성술의 장점과 단점을 생각해 봅시다.

세 번째 수업

03 천문학에서 천체 물리학으로

1 브라헤는 당시 절대 진리로 여겨지던 아리스토텔레스의 주장이 틀렸다는 것을 발견했습니다. 어떤 것이었나요?

2 케플러가 밝힌 행성의 운동 법칙 세 가지를 정리해 봅시다.

네 번째 수업

04 라플라스와 천체 물리학

1 옛날에는 자연 현상을 비롯한 세상이 돌아가는 이치를 신과 연관해서 설명하고자 했습니다. 이런 신 중심의 사고는 어떤 문제점이 있을까요?

2 라플라스는 블랙홀의 존재를 어떻게 예측할 수 있었나요?

다섯 번째 수업

05 아인슈타인과 천체 물리학

1 상대성 이론은 일반 상대성 이론과 특수 상대성 이론으로 나뉩니다. 일반 상대성 이론과 특수 상대성 이론은 어떤 차이가 있나요?

2 아인슈타인은 특수 상대성 이론을 내놓고도 만족하지 못했습니다. 특수 상대성 이론이 갖고 있는 한계 때문이었는데요. 그 한계에 대해 설명해 보세요.

POINT

우주의 신비를 풀어 보겠다고 내놓은 이론은 일반 상대성 이론 말고도 무수히 많습니다. 그중 정상 우주론은 우주는 우주의 시작도 끝도 없이 항상 일정하며, 새로운 물질이 생겨나 우주가 팽창하여도 우주의 물질 밀도는 변하지 않는다는 우주 이론입니다.

3. 태양 주변에서 빛이 휘는 각도를 뉴턴은 0.875초 정도 휜다고 했는데, 아인슈타인은 그 두 배인 1.75초로 계산했습니다. 뉴턴과 아인슈타인의 값의 차이는 왜 생겼을까요?

4. 아인슈타인의 이론은 기존 유클리드 기하학으로는 설명할 수가 없었습니다. 예를 들어 이유를 설명해 보세요.

5 아인슈타인의 '우주 상태 방정식'이 설명하는 우주에 대해 적어 봅시다.

6 아인슈타인은 '우주 상태 방정식'을 만들고도 오랜 세월 동안 상식으로 여겨져 오던 이론과 너무도 다르자 자신의 이론을 폐기하려고 했습니다. 만약 아인슈타인처럼 실험을 통해 지금까지 당연하게 여기던 상식과 전혀 다른 결과가 나왔다면 여러분은 어떻게 하겠습니까?

7 허블과 휴메이슨은 먼 은하일수록 후퇴 속도가 점점 커진다는 사실을 밝혀냈습니다. 이런 사실에서 알 수 있는 우주의 비밀은 무엇인가요?

POINT

우주가 팽창한다는 발견은 20세기 천체 물리학이 이룬 최대의 성과 중 하나입니다. 허블은 천체 망원경으로 은하를 관찰하던 중 먼 은하일수록 점점 더 빠르게 후퇴하고 있다는 것을 발견하였습니다.

여섯 번째 수업

06 에딩턴과 천체 물리학

1 별은 공 모양을 유지하고 있습니다. 별이 공 모양을 유지하고 있는 이유는 무엇인가요?

2 에딩턴은 별의 중력 수축 현상을 예견했습니다. 별의 중력 수축 현상이란 어떤 현상인가요?

일곱 번째 수업

07 찬드라세카르, 오펜하이머와 천체 물리학

1. 찬드라세카르는 어떤 별은 백색 왜성보다 더 수축한 뒤 죽음을 맞이한다는 것을 밝혀냈습니다. 그 이유는 무엇 때문일까요?

2. 오펜하이머는 별이 끝없이 수축하는 것을 밝혀냈습니다. 그것을 '중력 붕괴' 라고 하는데, 중력 붕괴 끝에는 무엇이 있나요?

마지막 수업

08 호킹과 천체 물리학

1 호킹은 자신의 장애를 극복하고 블랙홀 연구에 온 힘을 다 했습니다. 호킹처럼 장애를 극복하고 성공한 사람들의 얘기를 더 찾아봅시다. 그리고 호킹의 삶이 우리에게 어떤 감동을 주는지 생각해 봅시다.

POINT

과학자들은 블랙홀이 있는 것으로 예측할 만한 실마리 몇 가지를 소개합니다.
하나 : 감마선이 나오면 그 곳에 블랙홀이 존재할 가능성이 높다.
둘 : 혼자서 공전하는 별 근처에는 블랙홀이 존재할 가능성이 높다.
셋 : 별의 질량을 구해서 찬드라세카르의 한계를 넘는 수준이면 블랙홀일 가능성은 높아진다.
넷 : 중력파가 나오면 블랙홀일 가능성이 높다.

058

허셜이 들려주는 은하 이야기

$PV=nRT$

$W=F\cdot S$

$Q=c\cdot m\cdot \Delta t$

첫 번째 수업

01 우주를 이루는 것들

1 어떤 곳을 '은하'라고 부르나요?

2 성간 물질은 어떤 것들로 이루어져 있나요?

두 번째 수업

02 망원경 이야기

1 전파 망원경의 장점은 무엇인가요?

2 우주 망원경이란 무엇인가요?

POINT

우주 망원경은 대기의 영향을 받지 않기 때문에 별이나 은하의 사진을 더 선명하게 촬영하여 지구에 보내 줍니다. 최초의 우주 망원경은 지름이 2.4m인 반사 망원경을 실은 허블 우주 망원경입니다.

세 번째 수업

03 은하수 이야기

1 은하수를 자세히 들여다보면 별이 없는 어두운 틈을 발견할 수 있습니다. 이 부분은 어떻게 해서 생긴 것인가요? 또, 이 부분을 보려면 어떻게 해야 하나요?

2 옛날 사람들이 은하수를 생각한 모습은 여러 가지입니다. 이집트 사람들은 은하수가 밀을 뿌려 만들었다고 생각했고, 아랍 인들은 하늘에 흐르는 강이라고 생각했습니다. 여러분은 은하수를 뭐라고 표현하겠습니까?

네 번째 수업

04 우리 은하의 모습

1 우리 은하는 어떤 모습을 하고 있나요?

2 은하의 별들이 흩어지지 않고 은하의 중심을 두고 회전하는 이유는 무엇인가요?

다섯 번째 수업

05 우리 은하의 다른 천체

1 성단에는 구상 성단과 산개 성단이 있습니다. 구상 성단과 산개 성단의 차이점을 써 보세요.

2 성운에도 여러 종류가 있는데 그중 암흑 성운, 반사 성운, 발광 성운 등의 특징을 정리해 보세요.

POINT

성단 : 천구 위에 군데군데 몰려 있는 항성의 집단으로 구상 성단과 산개 성단 따위가 있습니다.
성운 : 구름 모양으로 퍼져 보이는 천체로 기체와 작은 고체 입자로 구성되어 있습니다.

여섯 번째 수업

06 은하의 종류

1 우리 은하는 나선 은하입니다. 나선 은하의 특징을 써 보세요.

2 나선 은하의 나선 모양은 어떻게 해서 만들어질까요?

일곱 번째 수업

07 외부 은하

1 우리 은하에 딸린 은하는 무엇과 무엇입니까?

2 안드로메다은하의 특징을 써 보세요.

3 은하단과 초은하단에 대하여 설명해 보세요.

여덟 번째 수업

08 활동 은하와 퀘이사

활동 은하란 무엇인가요?

과학자들은 M87 은하에서 나오는 거대한 빛줄기를 무엇이라고 추정하나요?

3 과학자들이 생각하기에 퀘이사는 어떻게 만들어지나요?

POINT

전파 은하란 우리 은하계 밖에서 매우 강한 전파를 내는 은하입니다. 전파의 세기는 우리 은하계나 안드로메다은하의 수십 배에서 백만 배까지 되며, 전파원이 되기도 합니다.

마지막 수업

09 우주의 구조

1 우주는 어떤 식으로 이루어져 있나요?

2 우주 지도에서 '거품' 은 무엇을 의미할까요?

059

허블이 들려주는 우주 팽창 이야기

pV=nRT

W=F·S

Q=c·m·Δt

첫 번째 수업

01 아주 옛날 사람들의 우주

1 옛날 사람들은 천동설을 믿었지만 과학이 발달할수록 지동설이 정설로 받아들여졌습니다. 천동설과 지동설의 차이점을 알아봅시다.

2 코페르니쿠스는 가끔씩 행성이 거꾸로 도는 현상을 어떻게 설명했나요?

두 번째 수업

02 무한 우주

1 데카르트가 생각한 우주론에서 이치에 맞지 않는 부분이 있습니다. 어떤 부분이고, 왜 이치에 맞지 않는지 말해 봅시다.

2 뉴턴의 무한 우주론을 설명해 주세요.

세 번째 수업

03 빛의 도플러 효과

1 빛은 좀 특이한 특징을 지닌 파동입니다. 어떤 점이 특이한가요?

2 도플러 효과란 무엇인가요?

네 번째 수업

04 올베르스의 역설

1 올베르스의 역설은 어떤 내용인가요?

2 여러 과학자들이 올베르스 역설을 해결하려고 노력했는데 쉽지 않았습니다. 이 역설은 어떻게 해결되었을까요?

다섯 번째 수업

05 아인슈타인의 우주 모형

1 우주는 질량을 가진 은하들로 이루어져 있는데 만유인력 법칙에 의하면 이 은하들은 서로 달라붙어 있어야 하지만 그렇지 않습니다. 이 문제에 대해 아인슈타인은 어떻게 설명했나요?

2 허블은 안드로메다은하의 존재를 어떻게 알아냈나요?

3 프리드만-르메트르의 우주 모형은 아인슈타인의 우주 모형과 어떻게 달랐나요?

여섯 번째 수업

06 우주 팽창과 허블의 법칙

1 다음 빈칸에 알맞은 말을 [보기]에서 찾아 적으세요.

[보기]

거리　색깔　밝기　우주 나이　시간　속도　가속도

허블은 다른 은하에 있는 별들의 (　　　)로부터 그 은하까지의 (　　　)를 알 수 있고, 그 별에서 나온 빛이 빨간빛으로 변하는 속도로부터 은하가 우주에서 멀어지는 (　　　)를 알 수 있었다. 이를 수식으로 나타내면 '$V = H \times r$'이다.

2 허블 상수로 우주 나이를 계산했을 때는 20억 년이었는데 다른 방법으로 지구 나이를 계산해 보니 45억 년이었습니다. 이런 결과는 어떻게 생긴 착오인가요?

일곱 번째 수업

07 빅뱅 이야기

1 정상 우주론과 빅뱅 이론에 대해 알아봅시다.

2 빅뱅 이론이 정상 우주론에 승리할 수 있었던 근거는 무엇인가요?

여덟 번째 수업

08 인플레이션 우주론

1 입자와 반입자가 만나면 어떤 일이 벌어질까요?

2 인플레이션 이론은 빅뱅 이론을 보완했습니다. 인플레이션 이론이란 무엇인가요?

마지막 수업

09 우주의 진화

1 헤일로라는 암흑 물질이 하는 기능은 무엇인가요?

2 우주에 대해 배우고 나서 어떤 생각이 드나요?

060

아레니우스가 들려주는 반응 속도 이야기

PV=nRT

W=F·S

Q=c·m·Δt

첫 번째 수업

01 우리 주변의 화학 반응은?

1 우리 생활 속에서 찾을 수 있는 화학 반응의 예를 한 가지 들어 보세요.

2 반응물과 생성물은 화학 반응에 나오는 용어입니다. 두 용어에 대해 설명해 보세요.

3 다음 그림을 보고 수소 기체와 산소 기체, 수증기가 각각 반응물인지 생성물인지 분류해 보세요.

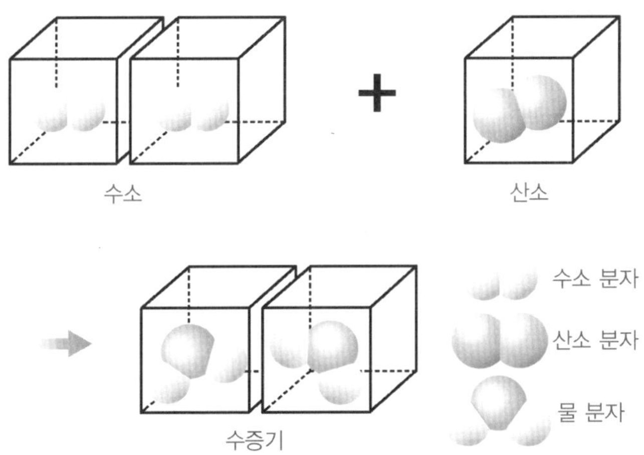

4 음식이 상하는 것도 음식의 성질이 변하니까 화학 반응이라고 할 수 있습니다. 음식을 냉장고에 넣으면 왜 화학 반응이 천천히 일어날까요?

두 번째 수업

02 반응 물질들이 만나야 화학 반응이 일어난다

1 화학 반응을 통해 반응물이 생성물로 되려면 우선 반응물끼리 충돌해야 합니다. 반응물끼리 충돌이 일어나려면 어떤 조건이 필요하나요?

2 화학 반응에서 반응물들이 충돌의 조건을 만족시켜 생성물을 생성할 수 있는 충돌을 무엇이라고 하나요?

POINT

아레니우스는 스웨덴의 물리학자입니다. 전해질, 즉 물에 녹아 전기를 전달하는 용액을 만드는 물질은 용액에 전류를 흘려주지 않을 때라도 전하를 띤 입자들인 이온들로 분해된다는 이론으로 가장 잘 알려져 있습니다. 1903년 노벨 화학상을 받았습니다.

세 번째 수업

03 반응이 일어나기 위해서는 활성화 에너지가 필수

1 반응이 일어날 때 중요한 역할을 하는 '활성화 에너지'에 대해 설명해 보세요.

04 빠른 반응과 느린 반응

1 다음 화학 반응들은 빠른 반응인가요, 느린 반응인가요?

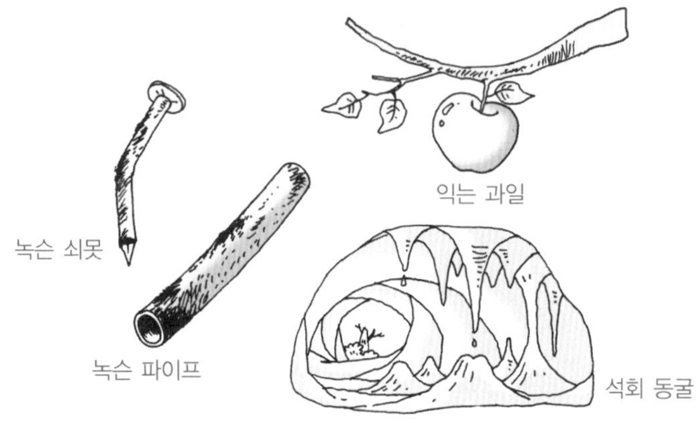

2 화학 반응 속도와 결합 간의 재배열 관계에 대해 설명해 보세요.

다섯 번째 수업

05 농도가 반응 속도에 미치는 영향

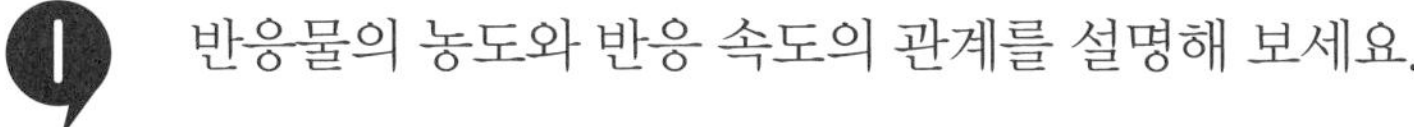

1 반응물의 농도와 반응 속도의 관계를 설명해 보세요.

2 반응물 중 한 가지만 농도가 증가했을 때 반응 속도의 결과는 어떻게 나타날까요?

여섯 번째 수업

06 반응 속도에 미치는 압력의 영향

1 압력도 농도처럼 반응물의 반응 속도에 영향을 줍니다. 기체의 압력이 증가하면 반응물의 반응 속도가 빨라집니다. 이유를 설명해 보세요.

POINT

고체와 액체 상태에서는 압력에 따른 부피 변화가 크지 않습니다. 그러므로 반응물 중 기체가 포함되지 않았을 경우에는 압력의 변화가 반응 속도에 거의 영향을 미치지 않습니다.

일곱 번째 수업

07 반응 물질의 표면적과 반응 속도

1 반응물의 표면적도 반응 속도에 영향을 줍니다. 알약과 가루약 중 어느 것이 더 흡수가 빠른가요? 그 원리도 설명해 보세요.

여덟 번째 수업

08 온도와 반응 속도

1 온도가 높아지면 반응 속도는 왜 빨라질까요?

POINT

반응 속도에 영향을 미치는 조건들로 반응물의 농도, 압력, 표면적, 온도와 촉매를 들 수 있습니다.

아홉 번째 수업

09 반응의 중매쟁이 – 촉매

1 반응이 빨라지도록 도와주는 물질을 촉매라고 합니다. 촉매에는 정촉매와 부촉매가 있습니다. 정촉매와 부촉매가 하는 각각의 역할은 무엇인가요?

2 소독약으로도 사용되는 과산화수소는 물과 산소로 분해되는 화학 반응을 일으킵니다. 이때 과산화수소의 분해 반응에 대한 정촉매의 역할을 하는 물질과 부촉매의 역할을 하는 물질은 각각 무엇입니까?

POINT

촉매는 반응에 참여하여 화학 반응의 속도를 변화시키지만, 그 자신 스스로는 반응 전후에 화학 변화를 일으키지 않습니다. 촉매는 반응의 주 물질로 직접 참여하는 것이 아니라 반응을 재촉하고 응원하는 역할을 합니다.

마지막 수업

10 반응 속도의 측정

1 간 감자와 산소계 표백제를 잘 섞어 시험관에 넣으면 기체가 발생합니다. 이 기체의 양을 알아낼 수 있는 방법은 무엇일까요?

2 반응 속도의 단위는 어떻게 쓰나요?

memo

memo

memo

memo

memo

memo

memo

문제 풀이

051권	에라토스테네스가 들려주는 지구 이야기

01 첫 번째 수업

1 생물의 흔적이 화석으로 확실하게 나타나느냐, 나타나지 않느냐에 따라 나뉩니다.

2 생명체가 살아가는 데 유리한 쪽으로 환경이 바뀌자, 다양한 생명체가 곳곳에 모습을 드러냈습니다. 식물이 가장 먼저 태어났고, 어류, 양서류, 파충류, 조류가 차례로 모습을 보이고, 마침내 포유류가 등장했습니다. 가장 먼저 태어난 것은 식물이고, 가장 나중에 태어난 것은 포유류입니다.

02 두 번째 수업

1 방사선은 어떠한 변화에도 영향을 받지 않고 붕괴합니다. 어떤 물질에 포함돼 있는 방사선을 정확히 측정해 내기만 하면, 지질학적 연대를 정확히 가늠할 수 있습니다. 원래 있던 양에서 현재 있는 양을 빼면, 그 차이만큼 시간이 흘렀다는 것을 알 수 있습니다.

2 방사성 원소가 절반으로 붕괴하기까지 걸리는 시간입니다. 예를 들면, 10kg의 방사성 원소가 5kg으로 줄어들 때까지 걸리는 시간을 말하는 것입니다. 같은 원소의 반감기는 항상 일정합니다. 하지만 원소가 달라지면 반감기도 달라집니다.

03 세 번째 수업

1 음력에서는 1년 12달이 354.36일이 됩니다. 음력의 12달 354.36일은 태양력의 12달 365.25일보다 짧습니다. 365.25일과 354.36일의 차이는 10.89일입니다. 11일 가량 차이가 나는 것입니다. 11일은 3년이 지나면 33일이 됩니다. 약 30일이 되는 겁니다. 3년이 지날 때마다, 음력은 태양력과 비교해서 한 달가량의 차이가 생기기 때문에 기간을 맞춰 주는 것입니다.

04 네 번째 수업

1 에라토스테네스가 살던 시대에는 지구가 평평하다고 생각했었습니다. 지구가 평평하다고 가정하면 태양에서 나온 햇살은 지구에 평행하게 도달합니다. 그렇다면 위도 상으로 아래쪽에 있든 위쪽에 있든, 햇살과 막대기가 이루는 각도는 어느 곳이나 똑같아야 합니다. 그런데 결과는 그렇지 않았습니다.

지구는 둥글기 때문이었습니다.

2 하나의 직선이 평행선을 지나면, 두 개의 각이 생기는데, 이것을 '동위각'이라고 합니다. 이때 생긴 두 각의 크기는 같은데, 이것을 '동위각의 원리'라고 합니다.

3 지구의 둘레에 해당합니다. 본 도서를 참고하세요.

05 다섯 번째 수업

1 지구본의 위도선을 보고 적도에서 위도 10° 까지의 거리와 위도 10°에서 위도 20°까지의 간격 즉 위도선을 측정하는 것입니다. 만약 지구가 고르게 둥글다면 위도선의 거리가 같을 것입니다. 고르지 않다면 지구는 타원체라는 것이 입증되는 것입니다.

2 편평도의 값이 클수록 지구는 납작해지고, 편평도의 값이 작을수록 둥글어집니다. 지구의 적도 반지름은 6.378km이고 극반지름은 6.357km입니다. 이 길이를 사용해서 지구의 편평도를 계산하면 다음과 같습니다.

$$e=\frac{(a-b)}{a}$$

$$=\frac{(6.378-6.357)\text{km}}{6.378\text{km}}$$

$$=\frac{21\text{km}}{6.378\text{km}}$$

$$=0.0033$$

0.0033은 큰 수가 아닙니다. 지구 편평도가 이처럼 작아 지구를 거의 원이라고 보아도 무방합니다.

06 여섯 번째 수업

1 피부를 노화시키며 피부암을 일으키기도 합니다. 또 녹내장과 백내장을 일으키고, 농산물의 수확을 저하시키며, 플랑크톤의 생육에 영향을 끼쳐 생태계 전반에 혼란을 가져옵니다.

2 자외선 차단하는 방법으로 선글라스, 자외선 차단제 등이 있습니다. 선글라스는 유리로 되어 있는 것이어야 합니다. 자외선은 유리를 통과하기 어렵기 때문입니다. 또 자외선을 차단하기 위해 만든 자외선 차단제를 바르면 완벽하지는 않지만 자외선을 차단하는 효과를 볼 수 있습니다.

07 일곱 번째 수업

1 표면파는 지표를 따라서 이동하는 파로 L파라고도 합니다. L파는 지진파 중에서 가장

느리지만 진폭은 가장 커서 파괴력이 제일 셉니다. 고체와 액체, 그리고 기체를 모두 통과합니다. 실체파는 지구 내부를 통과하는 파로 P파와 S파가 있습니다. L파와는 달리 P파와 S파는 지구 내부에서 나오기 때문에 지진을 분석하고, 지구 내부를 탐구하는 데 없어서는 안 되는 지진파입니다.

2 모호로비치치 불연속면의 위는 지각이고, 모호로비치치 불연속면의 아래는 맨틀입니다. 그리고 레만면의 위는 외핵이며, 아래는 내핵으로 구분합니다. 모호로비치치 불연속면은 모호면이라고 합니다. 본 도서의 그림을 참고하세요.

08 여덟 번째 수업

1 맨틀 대류설이란 맨틀에서 일어나는 대류 현상이 지구의 판을 움직이는 원동력으로, 이 에너지는 지구 내부의 방사성 물질이 붕괴하면서 내는 열과 관련 있다고 주장한 것입니다.

2 거대한 판이 서로 부딪쳐 많은 열이 발생하면 열에너지가 쌓였다가 한꺼번에 폭발합니다. 그러면 땅이 흔들리고 비틀어지고 꺼지는 지진이 발생하게 됩니다.

09 아홉 번째 수업

1 생물학적 산소 요구량(BOD)은 수중 세균이 오염 물질을 분해하는 데 필요한 산소의 양으로, 생물학적 산소 요구량이 높으면 오염이 심한 것입니다. 화학적 산소 요구량(COD)은 과망간산칼륨이나 중크롬산칼륨으로 오염 물질을 분해하는 데 드는 산소의 양으로, 화학적 산소 요구량이 높으면 오염이 심한 것입니다. 오염의 정도를 측정할 때 일반적인 하천은 생물학적 산소 요구량을 사용하고, 오염이 심한 폐수는 화학적 산소 요구량을 사용합니다.

2 핵 관련 물질을 운반하다가 일어나는 사고는 언제든지 발생할 수 있기 때문입니다. 핵 발전소나 원자 폭탄의 폭발에 비해 그 확률이 상당히 높기 때문에 세계 각국은 핵 물질을 실은 선박이 자국 영해로 들어오는 것을 극히 꺼리는 것입니다. 실제로 미국이 핵탄두를 운반하다가 유실하거나 배가 파손된 사고는 1950년 이래 10여 건이 넘고, 일본과 영국, 프랑스가 핵 물질을 운반하다가 사고를 당한 경우도 여러 건 있습니다.

10 마지막 수업

1 생물계는 생산자와 소비자, 그리고 분해자(미생물)로 구분합니다. 생산자의 대표적인 예는 식물이며, 소비자의 대표적인 예는 초식 동물과 육식 동물입니다. 분해자의 대표적인 예는 미생물로, 죽은 시체를 분해시켜 다시 영양분으로 환원시키는 역할을 합니다.

2 에너지 때문입니다. 인체가 상추 한 잎을 에너지로 전환할 수 있는 비율은 기껏해야 10% 남짓입니다. 나머지는 그냥 배출합니다. 그러니 그 부족한 에너지를 새로운 상추로 보충해야 합니다. 그러자면 상추가 많아야 합니다. 이것이 사람보다 식물이 많아야 하는 이유입니다. 본 도서를 참고하세요.

052권 보일이 들려주는 기체 이야기

01 첫 번째 수업

1 물은 추워지면 돌처럼 딱딱한 성질을 갖고, 평상시에는 냇물처럼 흐르는 성질을 갖고, 뜨거워지면 수증기가 되어 위로 올라가는 성질을 갖는다고 했으며 물질이 어떤 모양의 물로 이루어져 있는가에 따라 모양이 달라진다고 생각했습니다. 물은 고체일 때는 얼음, 액체일 때는 물, 기체일 땐 수증기라고 부릅니다.

2 원소는 더 이상 분해되지 않으며 물질을 이루는 기본 성분입니다.

02 두 번째 수업

1 한 화합물을 구성하는 성분 물질의 구성비는 항상 일정하다는 것이 일정 성분비의 법칙입니다. 수소와 산소가 결합하여 물을 만들 때 수소와 산소의 조성비는 1:8이며, 수소 1g과 산소 8g은 물 9g을 만들지만 수소 2g과 산소 8g이 만나면 수소 1g은 반응에 참여하지 않아 물 9g이 만들어지고 수소 1g

이 남게 된다는 것입니다.

2 철의 산화물에는 두 종류가 있다는 것을 몰랐기 때문입니다. 철과 산소의 조성비가 56 : 16인 산화철은 산화제일철(FeO)이고, 조성비가 56 : 24인 산화철은 산화제이철(Fe_2O_3)이었던 것입니다. 결국 산화제일철과 산화제이철은 서로 다른 화합물이므로 그 조성비가 같을 수가 없는 것이었습니다.

03 세 번째 수업

1 아보가드로는 기체의 화학 반응은 원자들이 아닌 여러 개의 원자가 모인 분자 단위로 일어나야 한다고 주장했습니다. 결국 기체의 부피는 분자의 부피라고 생각했습니다.

2 질소 : 수소 : 암모니아＝1 : 3 : 2＝20mL : 60mL : 40mL이므로 암모니아 40mL를 합성하기 위해 필요한 질소 기체는 20mL이고, 수소 기체는 60mL입니다.

04 네 번째 수업

1 물, 불 등이 있습니다. 주변에 흔하게 존재하여 쉽게 얻을 수 있음에도 불구하고 없으면 안 되는 것들입니다.

2 이산화탄소는 탄소 원자 1개와 산소 원자 2개로 이루어진 화합물이고, 일산화탄소는 탄소 원자 1개와 산소 원자 1개로 이루어진 화합물입니다. 이산화탄소는 화산 지역에 많이 발생하고 공기 중에 25%를 넘으면 사람들이 죽게 됩니다. 하지만 식물들의 광합성 작용에는 유용하게 쓰이기도 합니다. 일산화탄소는 아주 적은 양만 마셔도 바로 목숨을 잃는 무서운 기체입니다.

05 다섯 번째 수업

1 나무의 밀도가 물의 밀도보다 작기 때문입니다. '밀도'는 물질의 질량을 부피로 나눈 양입니다. 이렇게 밀도가 작은 물질은 밀도가 큰 물질 위에 뜨게 됩니다. 빙산이 물 위에 둥둥 떠 있는 것도 얼음의 밀도가 물의 밀도보다 작기 때문입니다.

2 이산화탄소는 공기보다 1.5배 정도 무겁습니다. 물질이 탄다는 것은 공기 중의 산소와 화합하는 것을 말합니다. 타고 있는 물질에 이산화탄소 기체를 뿌려주면 공기보다 무거운 이산화탄소가 아래로 가라앉아 산소를 막아 줍니다. 그래서 불이 꺼지게 되는 것입니다.

3 공기보다 가벼운 기체에는 수소와 헬륨이 있습니다. 수소는 산소와 만나면 급격한 화

학 반응을 일으켜 폭발할 수도 있는 아주 위험한 기체입니다. 헬륨은 다른 원소들과 잘 반응하지 않는 안정한 기체입니다. 헬륨을 마시고 말을 하면 진동수가 큰 높은 목소리가 나오는데, 이런 현상을 '도널드 덕 효과'라고 합니다.

06 여섯 번째 수업

1 오존은 산소 원자 3개로 이루어져 있습니다. 약간 푸른빛을 띠고 혀나 코를 자극하는 기체입니다. 공기 중에 오존의 양이 많아지면 독한 냄새 때문에 사람들이 불쾌감을 느끼게 되고 기침, 두통, 피로감 또는 눈이 따가워지거나 숨이 막히는 증상을 일으킵니다. 하지만 성층권에 몰려 있는 오존은 오존층을 만들어 태양에서 오는 강한 자외선을 흡수해 우리가 자외선의 피해를 입지 않게 해 줍니다.

2 플루오르는 반응 용기를 녹이기 때문에 플루오르에 녹지 않는 금속인 백금 상자에 보관해야 합니다. 플루오르는 이가 썩는 것을 막아 주는 치약의 주성분이지만 플루오르가 너무 많이 포함되면 치아를 녹여 버려 치아가 끔찍한 색으로 변할 수도 있습니다.

07 일곱 번째 수업

1 보일의 법칙이란 일정한 온도에서 기체의 부피와 압력은 반비례한다는 것입니다. 부피가 늘어나면 기체 분자들이 벽에 충돌하는 횟수가 줄어들기 때문에 압력이 낮아지고, 반대로 부피가 줄어들면 기체 분자들이 벽에 작용하는 압력이 증가하는 것입니다.

2 이것은 수심 30m 지점의 압력이 수심 3m 지점 압력의 4배이기 때문입니다.

08 여덟 번째 수업

1 쪼그라든 탁구공을 뜨거운 물속에 넣으면 탁구공 속에 있던 공기가 열을 받습니다. 이 때문에 공기가 팽창하면서 탁구공 속에 있던 공기들은 탁구공 벽을 밀어냅니다. 그러면 탁구공들은 공기들이 미는 힘으로 다시 원래의 모습으로 돌아오게 되는 것입니다.

2 버너로 공기를 가열하면 열기구 안의 공기가 따뜻해집니다. 그러므로 샤를의 법칙에 의해 공기의 부피가 커집니다. 부피가 커지면 밀도가 작아지므로 주위의 공기에 비해 풍선 안의 공기는 가벼워집니다. 그 결과 열기구는 위로 올라가게 되는 것입니다.

09 마지막 수업

1 만약 빛보다 빠른 자동차가 있으면 좋을 것 같습니다. 빛보다 빠르면 지구에서 제일 빠른 것입니다. 기차보다도 비행기보다도 빠르기 때문에 내가 가고 싶을 때, 어디든지 여행을 할 수 있을 것 같아서 빛보다 빠른 자동차가 있었으면 좋겠습니다.

053권 암스트롱이 들려주는 달 이야기

01 첫 번째 수업

1 별이라고 부르는 항성은 스스로 빛을 내는 천체입니다. 대표적인 예로 태양을 들 수 있습니다. 그리고 스스로 빛을 내지는 않지만 햇빛을 반사시켜 밝게 빛나는 천체도 있는데 행성이나 위성이 이것에 속합니다.

2 혜성입니다.

02 두 번째 수업

1 과학이 발달되지 않았던 시대에 살았던 사람들은 당시의 과학 지식으로 풀 수 없었던 자연 현상을 그 시대 나름의 정서로 이해하려고 했습니다. 신화 역시 그 일환으로 만들어진 것이랍니다. 여러분도 창의력과 상상력을 발휘하여 달을 보고 생각나는 것을 자유롭게 적어보세요.

2 달에 대해 많은 연구를 했던 고대 그리스의 아리스토텔레스는 달이 지구로 떨어지지 않고 지구 주위를 빙글빙글 도는 것에 대해 의문을 품었습니다. 그는 지구와 지구 주위의

하늘을 지상계라고 생각했으며, 지상계의 4개 원소인 물, 불, 흙, 공기는 유한한 운동을 하기 때문에 위로 던져진 돌은 바닥으로 떨어지고 구르던 공은 멈춘다고 생각했습니다. 반면 천상계에 해당하는 우주의 경우, 물체는 지구에 없는 제5원소로 이루어져 있다고 생각했습니다. 그래서 천상계에 있는 제5원소는 무한한 운동을 하기 때문에 달이 지구에 떨어지지 않고 영원히 돌 수 있다고 생각한 것입니다.

03 세 번째 수업

1 달의 질량은 지구 질량의 약 $\frac{1}{81}$ 정도입니다. 그러니까 달은 지구에 비해 매우 가벼운 전체입니다. 또 달의 중력은 지구 중력의 $\frac{1}{6}$ 정도로 작습니다. 따라서 지구에서 잘 들 수 없었던 물체를 달에서는 쉽게 들 수 있습니다.

2 우리가 항상 달의 앞모습만 보게 되는 이유는 달의 공전 주기와 자전 주기가 같기 때문입니다.

04 네 번째 수업

1 멀리 떨어진 물체는 가까이 있는 물체보다 작아 보입니다. 태양의 지름이 달보다 400배나 크지만 지구에서 400배 멀리 있기 때문에 태양과 달이 같은 크기로 보이는 것입니다.

2 달은 날마다 모양이 달라지는데 그 이유는 달이 지구 주위를 공전하는 동안 햇빛을 받는 부분이 달라지기 때문입니다. 달이 제일 크게 보일 때를 보름달이라고 부르는데, 달은 보름달에서부터 점점 작아져서 마침내 사라지게 됩니다.

3 달은 햇빛을 반사해 빛나는데 지구가 태양과 달 사이에 놓이게 되면 지구 때문에 햇빛이 전해지지 않아 달이 보이지 않게 됩니다. 이것을 월식이라고 합니다. 반면 일식은 달이 태양과 지구 사이에 놓여 햇빛이 지구로 오는 것을 가리는 현상을 말합니다.

4 달이 바닷물과 가까워지면 달과 바닷물 사이의 만유인력으로 인해 달이 바닷물을 잡아당깁니다. 이 힘으로 바닷물이 높아지게 되는데 이것을 만조라고 합니다. 반대로 달이 바다에서 멀어지면 바닷물은 원래 높이로 낮아지는데 이때를 간조라고 합니다. 이처럼 만조와 간조가 생기는 것은 지구가 자전하기 때문입니다.

05 다섯 번째 수업

1 달의 중력이 지구 중력의 $\frac{1}{6}$이므로 태식이의 무게는 지구에서 무게를 잰 것의 $\frac{1}{6}$인 100N입니다.

2 달은 중력이 작기 때문에 지구보다는 물체가 천천히 떨어집니다. 지구에서는 5m 높이에서 떨어진 물체가 바닥에 닿으면 속력이 초속 10m가 됩니다. 하지만 달에서는 물체가 천천히 떨어지기 때문에 30m 높이에서 떨어졌을 때 이 속도가 됩니다.

06 여섯 번째 수업

1 달에는 공기가 없기 때문에 소리를 들을 수 없습니다. 소리는 음파라는 파동으로 공기 분자들의 진동에 의해 전달됩니다. 하지만 달에는 공기가 없기 때문에 우리는 몸짓으로 대화를 나누어야 합니다.

2 공기는 기체들로 이루어져 있습니다. 지구의 공기는 주로 질소와 산소라는 기체로 이루어져 있는데, 기체도 질량을 가지고 있기 때문에 지구가 잡아당기는 만유인력을 받게 됩니다. 즉, 그 힘 때문에 기체 분자들이 지구에서 도망치지 못하고 지구를 에워싼 대기를 이루는 것입니다. 그런데 달은 중력이 작아져서 기체 분자들이 도망가지 못하도록 붙잡을 수가 없기 때문에 달에는 공기가 없습니다.

07 일곱 번째 수업

1 달 표면에는 운석들과 충돌하여 생긴 구멍인 크레이터들이 많이 있습니다. 또한 고운 모래와 먼지도 많이 있는데, 이것은 소행성들과의 충돌에 의해 큰 바위들이 부서졌기 때문입니다.

2 첫 번째 이론은 지구가 처음 만들어져 아주 빠르게 돌다가 일부 덩어리가 떨어져 나가 달이 되었다는 것입니다. 두 번째 이론은 달이 태양계가 아닌 다른 곳에서 만들어졌다가 지구의 중력에 붙잡혀 지구 주위를 돌게 되었다는 것입니다. 세 번째 이론은 지구와 달이 거의 같은 시기에 만들어졌다는 것입니다. 네 번째 이론은 가장 최근에 나온 이론으로 거대한 충돌로 달이 생겼다는 이론입니다.

08 마지막 수업

1 작용과 반작용의 원리입니다. 로켓이 연료를 밖으로 배출하면서 그 반작용으로 점점

빨라져서 달까지의 여행이 가능한 것입니다.

2 당시 구소련이 유인 우주 비행의 선구자였지만 결국 달에 인간을 최초로 착륙시킨 것은 미국이었습니다. 아폴로 11호 우주선의 의의는 달에 최초로 인간이 착륙한 것입니다.

054권 칼 세이건이 들려주는 태양계 이야기

01 첫 번째 수업

1 태양계의 8개 행성은 수성, 금성, 지구, 화성, 목성, 토성, 천왕성, 해왕성입니다. 이 가운데 내행성은 수성과 금성입니다.

2 행성을 크기에 따라 분류하면 지구형 행성과 목성형 행성으로 나눌 수 있습니다. 지구형 행성은 수성, 금성, 지구, 화성처럼 크기가 작은 행성을 말합니다. 이 행성들은 산소와 규소의 화합물로 이루어져 있어 밀도가 큽니다. 또한 표면이 고체로 되어 있어 사람이 걸어 다닐 수 있습니다. 반면 목성형 행성은 주로 수소나 헬륨 같은 기체로 되어 있어 밀도가 작아 사람들이 걸어 다닐 수 없습니다. 목성, 토성, 천왕성, 해왕성이 목성형 행성에 속하며 지구보다 훨씬 큽니다.

02 두 번째 수업

1 수성은 태양계에서 가장 가까운 행성입니다. 궤도의 지름은 지구의 0.38배, 질량은 지구의 0.055배 정도입니다. 또 수성에는

대기가 거의 없어 산소통 없이는 숨을 쉴 수가 없습니다. 그래서 대기의 압력이 거의 없습니다. 그뿐만 아니라 태양으로부터 오는 강한 방사선도 막아 주지 못하고 날아드는 운석도 막을 수 없어 달처럼 크레이터가 많습니다. 수성은 태양에 가깝기 때문에 한밤중에 보이는 일은 없고, 초저녁의 서쪽 하늘에서나 동쪽 하늘에서만 잠깐 보입니다. 수성의 1년은 하루의 1.5배 정도입니다. 지구의 경우는 1년이 하루의 365배이므로 지구에서는 하루 동안 지구가 태양 주위를 별로 움직이지 않지만, 수성은 하루 동안 태양의 주위를 많이 움직입니다. 그렇기 때문에 수성에서는 하루 종일 태양의 크기가 다르게 보입니다.

03 세 번째 수업

1 수성보다 금성의 낮이 뜨거운 이유는 금성의 두꺼운 대기 때문입니다. 금성의 이산화탄소 대기는 열이 금성 밖으로 나가는 걸 막아 줍니다. 그래서 금성의 대기에 흡수된 태양의 열은 금성을 온실처럼 데워 줍니다. 또한 이산화탄소는 열을 흡수하는 성질이 있습니다. 금성은 적도에서의 표면 온도가 453℃에서 495℃에 이르는 태양계에서 가장 더운 행성입니다.

04 네 번째 수업

1 지구를 둘러싸고 있는 대기 옷의 두께는 약 1,000km입니다. 이러한 대기는 지구의 낮과 밤의 온도 차이를 적당히 조절해 주고, 생명체가 살 수 있도록 숨 쉴 수 있는 공기를 제공합니다. 또 태양의 방사선을 반사시키는 역할도 하고 있으며 우주에서 내놓는 자외선도 흡수해 줍니다.

2 지각 : 바다와 대륙이 붙어 있는 곳입니다.
맨틀 : 지각 아래 위치하며 마그마가 대류하는 곳입니다.
외핵 : 맨틀 아래 위치하며 철과 니켈이 액체 상태로 돌고 있는 지역입니다.
내핵 : 외핵 아래 위치하며 철과 니켈로 이루어진 압력이 높은 지역입니다.

05 다섯 번째 수업

1 화성의 대기압은 지구의 $\frac{1}{100}$ 정도로 작습니다. 그렇기 때문에 흙먼지가 위로 올라가려고 하는 것을 잘 막지 못합니다. 그래서 화성에서는 붉은 흙먼지 하늘을 볼 수 있습니다.

2 수십억 년 전의 화성은 지금보다 대기층이 두꺼워 따뜻했습니다. 그런데 화성의 중력이 작아지면서 대기가 점점 우주로 날아가 화성의 대기가 얇아졌습니다. 그래서 화성은 추워졌고, 화성에 있는 물은 모두 얼어 얼음이 되었습니다.

06 여섯 번째 수업

1 태풍은 따뜻한 바다에서 생겨 위로 올라오다가 단단한 육지와 부딪치면서 약해지고 결국은 사라집니다. 그런데 목성에는 단단한 육지가 없기 때문에 한 번 발생한 태풍은 여간해서는 사라지지 않습니다.

2 지구에서 쓰던 나침반의 N극이 목성의 남극을 가리킵니다. 이것은 목성 속에 들어 있는 자석의 방향이 지구와 반대이기 때문입니다. 즉, 목성의 자기장은 북극이 N극이고, 남극이 S극을 나타냅니다.

07 일곱 번째 수업

1 토성의 고리는 수십만 개의 얼음 조각들로 이루어져 있는데 모래만 한 작은 것부터 집채만큼 큰 것까지 크기도 매우 다양합니다. 또한 고리는 1개가 아니라 여러 개로 되어 있습니다. 그리고 토성이 돌다가 수평으로 놓이면 고리가 잘 보이지 않게 되는데 이런 현상은 약 15년마다 일어납니다. 이때 지구에서 보면 토성의 고리가 사라진 것으로 보입니다.

08 여덟 번째 수업

1 검은색 고리를 가지고 있는 천왕성은 태양계에서 유일하게 옆으로 도는 행성입니다. 그러므로 천왕성의 남극과 북극은 바로 다른 행성의 적도 방향을 가리킵니다.

2 천왕성과 거의 비슷한 성질을 띠고 있는 해왕성은 태양계에서 가장 센 바람이 부는 곳입니다. 해왕성에 다이아몬드가 많은 이유는, 해왕성의 높은 압력 때문에 공기 중의 탄소가 다이아몬드로 변하기 때문입니다.

09 마지막 수업

1 소행성은 행성이 되지 못한 작은 암석들입니다. 소행성이 주로 화성과 목성 사이에 몰려 있는 이유는 원래 그곳에 하나의 행성이 만들어지려다가 목성이 아주 강한 중력으로 갑작스럽게 잡아당기자 행성으로 뭉쳐지지 못하고 조각조각 부서졌기 때문입니다.

2 혜성은 태양 주위를 아주 크게 돌고 있는 먼지와 암석 조각이 뭉쳐진 얼음 조각입니다. 주로 명왕성 밖에서 만들어지며 만유인력 때문에 태양을 향해 돌진합니다. 태양에 가까워지면 혜성의 머리 부분이 녹으면서 꼬리가 만들어지는데, 이때 혜성은 찬란한 빛을 냅니다. 혜성의 꼬리는 먼지와 기체로 이루어져 있고, 길이는 수백 km나 됩니다. 그리고 혜성의 꼬리는 항상 태양의 반대쪽을 향하고 있습니다. 그 이유는 혜성이 태양에 가까워졌을 때 태양풍이 가스와 먼지를 바깥으로 밀어내기 때문입니다.

055권 멘델레예프가 들려주는 주기율표 이야기

01 첫 번째 수업

1 (원자 번호) ↘ $_8O$ ← (원소 기호)
15.9994 ← (평균 원자량)
(원소 이름) → 산소

2 화학은 세상 사람 모두가 함께 하는 학문이므로 화학에 대한 이야기를 할 때는 언어와 문자가 달라도 서로가 알 수 있어야 합니다. 그래서 서로 약속해 놓은 과학의 언어가 원소 기호입니다.

02 두 번째 수업

1 원소 : 더 이상 분해되지 않는 순수한 기본 물질
화합물 : 두 가지 이상의 원소가 화합하여 생성된 물 같은 물질

2 H_2O : 수소 원자 2개 + 산소 원자 1개
$2H_2 + O_2 \rightarrow 2H_2O$

03 세 번째 수업

1 그전에는 원소의 분류가 원소 성질의 유사성을 원자량과 직접적인 관계로 파악한 것에 비해 뉴랜즈는 원자량 그 자체가 아니라 '원자량 크기 순서'에 착안하여 화학적 성질에 더 중점을 두었습니다. 이는 주기율의 가능성을 보여 준 것이었습니다.

2 원소들을 원자량 순서로 놓았을 때 일정한 간격을 두고 비슷한 성질을 가진 원소들이 규칙적으로 되풀이되는 것을 주기율이라고 합니다.

04 네 번째 수업

1 멘델레예프는 주기율을 따르되 원소의 화학적 성질에만 충실하여 비슷한 성질을 가진 원소가 마땅히 없으면 그 자리를 비워 두었습니다. 이는 규칙성을 발견하기 어려운데도 기존의 그룹에 억지로 끼어 넣었던 다른 과학자와 구별되는 점입니다.

2 하나는 원소의 성질을 주기율에 맞게 분류하여 미발견 원소의 성질을 예측해 화학적 발견을 촉진한 점이고, 또 하나는 의도한 것은 아니지만 원소의 주기율이 원자량이 아닌 다른 성질에 의해 나타날 수 있음을 시사한 점입니다.

05 다섯 번째 수업

1 빛 에너지의 크기는 진동수에 비례하므로 X선 에너지의 제곱근은 진동수의 제곱근에 해당합니다. 특정 원소의 특성 X선 각각의 계열마다 에너지의 제곱근이 원자 번호에 비례한다는 것을 발견했는데 이 법칙을 모즐리의 법칙이라고 합니다.

2 모즐리의 법칙에 의하면 원소의 화학적 성질을 결정하는 것은 원자량이 아니고 원자 번호, 즉 원자핵의 (+)전하입니다.

06 여섯 번째 수업

1 양성자 : (+)전하를 띠고 질량을 가진 입자
중성자 : 양성자와 질량은 비슷하지만 전하를 띠지 않은 입자
전자 : 매우 가볍고 (−)전하를 띤 입자
원자에서 가장 중요한 수는 원자 번호인데, 이것은 원자핵 속에 포함된 양성자 수를 의미합니다.

2 IUPAC(국제순수 및 응용화학연맹)입니다.

07 일곱 번째 수업

1 늘어나는 전자들이 같은 전자 껍질에 들어가기 때문입니다. 전자가 늘어날 때 핵 속의 양성자 수도 비례해서 늘어나는데, 그러면 핵의 인력이 커져서 전자들을 더 강하게 끌어당깁니다. 그래서 전자구름이 안으로 끌려가 반지름이 작아지는 것입니다.

2 이온화 에너지는 원자 번호가 커지면 같은 주기에서는 커지고 같은 족에서는 작아집니다. 같은 주기 원소들은 원자 번호가 증가할수록 핵의 인력이 강해지고 원자 반지름이 감소하여 이온화 에너지는 대체로 증가합니다. 같은 족 원소들은 원자 번호가 증가할수록 가리움 효과로 인해 핵의 인력은 약해지고 원자 반지름이 커져 핵과 최외각 전자 사이의 인력이 작아지기 때문에 이온화 에너지는 감소합니다.

08 여덟 번째 수업

1 상온에서의 상태에 의한 분류, 전형 원소와 전이 원소, 금속과 준금속 그리고 비금속

09 마지막 수업

1 최외각 전자 수는 모두 다르지만 원자들은 18족과 같은 전자 배치를 가져 안정해지길 원합니다. 그러므로 자신에게 모자란 전자를 얻거나 아예 최외각 전자를 모두 잃어서 안쪽의 완성된 전자 껍질을 최외각으로 만들기도 합니다. 이것이 바로 화학 결합의 열쇠를 푸는 옥테트 규칙입니다.

2 산과 염기를 중화 반응시킵니다. 염산과 수산화나트륨을 반응시키면 산도 염기도 아닌 소금물이 됩니다.

또는 1족인 나트륨 금속과 17족인 염소 기체를 반응시키면 됩니다. 이들이 반응을 하면 나트륨 이온과 염화 이온이 결합한 이온 결정 물질인 소금이 됩니다.

056권	찬드라세카르가 들려주는 별 이야기

01 첫 번째 수업

1 천문학은 별이나 행성과 같은 천체의 탄생과 구조를 밝히는 과학입니다. 그에 비해 점성술은 별의 움직임이 사람들의 생활에 좋은 영향을 주는지 아니면 나쁜 영향을 주는지를 예측하는 기술이지요. 그러므로 점성술은 천문학처럼 과학이라고 말할 수 없습니다.

2 스스로 빛을 내는 천체를 과학자들은 항성이라고 부르는데 이것이 바로 별입니다. 별은 우주 공간에서 밝은 부분을 이루므로 이것을 밝은 물질이라고 부릅니다.

02 두 번째 수업

1 고대 그리스 인들은 계절마다 별자리가 달라지는 것이 천구가 지구를 중심으로 회전하기 때문에 그곳에 붙어 있는 별들이 회전하여 그렇게 보이는 것이라고 생각했습니다.

2 광년은 빛의 속력으로 1년 동안 간 거리를 말합니다.

3 우리는 밤하늘의 별빛을 보면서 현재의 별빛을 보는 것처럼 생각합니다. 하지만 그렇지 않습니다. 우주에서 별과 별 사이의 거리는 엄청나게 멀어서 어떤 별이 보낸 빛이 다른 별에 도착하기까지 오랜 시간이 걸립니다. 만일 어떤 별이 지구로부터 100광년 떨어져 있다면, 여러분은 100년 전 그 별이 보낸 빛을 지금에서야 보고 있는 것입니다.

03 세 번째 수업

1 밤하늘의 별들이 태양에 비해 어둡게 보이는 이유는 너무 멀리 떨어져 있기 때문입니다.

2 지구로부터 별까지의 거리를 생각하지 않고, 지구 관찰자의 눈에 보이는 별의 밝기를 겉보기 등급이라고 부릅니다. 따라서 실제의 밝기와 상관없이 지구에 얼마나 가까이 있느냐가 밝기에 영향을 줍니다. 그런데 별들의 실제 밝기를 알기 위해 천문학자들은 별들이 같은 거리에 있을 때의 밝기를 비교하기로 했습니다. 이때 같은 거리는 10파섹(32.6광년)으로 택했지요. 즉, 이 거리에서의 밝기를 등급으로 나타낸 것을 절대 등급이라고 부릅니다.

04 네 번째 수업

1 별의 색깔은 별의 온도와 밀접한 관계가 있습니다. 온도가 높을수록 물체는 큰 에너지를 가지기 때문에 에너지가 큰 빛인 보랏빛이 되고, 온도가 낮은 물체에서 나오는 빛은 에너지가 작은 빛인 빨간빛이 됩니다.

2 성간 물질들이 많이 모여 있는 곳은 주변의 별빛을 반사시켜 아름다운 빛을 내는데 그 곳을 성운이라고 부릅니다.

05 다섯 번째 수업

1 원시별의 내부 온도가 점점 올라가 2,000만 ℃에 이르면 수소의 원자핵들이 결합하여 헬륨을 만드는 핵융합 반응이 일어납니다. 이러한 수소의 핵융합 과정에서 큰 에너지가 발생합니다. 이 에너지가 바로 별에 열과 빛을 주게 됩니다.

06 여섯 번째 수업

1 무거운 별은 성간 물질이 많이 뭉쳐져 있는 것으로 수소가 많습니다. 하지만 무거울수록 밝은 빛을 내야 하기 때문에 무거운 별은 그만큼 수소를 빠르게 태워야 합니다. 그러므로 무거운 별은 짧은 삶을 살지요. 반면에 가벼운 별은 수소의 양은 적지만 어두운 빛을 내므로 천천히 수소가 타게 되어 오래 살 수 있답니다.

2 원시별의 온도는 점점 내려가고, 크기는 점점 커지며 진화합니다.

07 일곱 번째 수업

1 별의 무게에 따라 죽는 모습은 조금씩 다르지만 수축을 막아왔던 수소가 다 타버리고 계속 수축을 하다가 무너지거나, 탄소핵의 압력이 높아져서 폭발해 버리면 별은 죽습니다.

2 무거운 별들은 수명이 다하면 핵융합이 멈추고 중심 쪽으로 급격하게 수축됩니다. 이 때 너무 빠른 수축 때문에 바깥쪽의 물질들이 수축되지 못하고 우주로 날아가 버리는데 이것을 초신성 또는 초신성 폭발이라 부릅니다.

3 펄스를 내는 천제(펄서)의 정체는 중성자별입니다.

4 블랙홀은 빛조차도 빨아들이기 때문에 어떤 빛도 블랙홀로부터 나오지 않습니다. 그러므로 블랙홀은 우리 눈으로 볼 수 없는 천체입니다.

08 여덟 번째 수업

1 변광성은 빛의 밝기가 주기적으로 변하는 별입니다.

09 마지막 수업

1 흑점을 매일 관찰하면 흑점이 왼쪽에서 오른쪽으로 움직인다는 것을 알 수 있습니다. 이것은 바로 태양이 스스로 서쪽에서 동쪽으로 돌고 있다는 증거입니다.

2 중요한 맹세를 할 때 태양에 두고 맹세하는 경우를 책이나 영화에서 본 적이 있을 거예요. 태양은 항상 그 자리에 영원할 거라는 믿음 때문이죠. 그런데 영원할 것 같은 태양도 유한한 별이라는 것이 약간은 충격이네요. 여러분은 어떤가요?

057권 라플라스가 들려주는 천체 물리학 이야기

01 첫 번째 수업

1 하늘에서 일어나는 자연 현상을 탐구하는 학문이 천문학입니다. 반면 천체 물리학은 하늘을 관찰하는 것에 그치지 않고 천문 현상에 물리학적 지식을 적용하여 그 속에 담긴 원리를 속속들이 파헤치는 학문입니다.

02 두 번째 수업

1 메소포타미아와 이집트는 사막 지역입니다. 그 옛날, 사막 지대에 시원하게 뚫린 길이 나 있었을 리가 없고 길 안내를 해 줄 명확한 표지판이 세워져 있지도 않았습니다. 땅에서는 마땅한 도우미를 찾을 수가 없으니 다른 곳, 즉 하늘을 보며 길을 찾았습니다. 이것이 메소포타미아와 이집트에서 천문학이 탄생한 이유입니다.

2 과학이 아무리 발달해도 자신의 미래를 알 수는 없습니다. 즉 미래에 대한 불확실성 때문에 사람들은 점을 보는 것입니다. 점을 보는 것은 자신의 미래에 대해 예측하고 대비

할 수 있다는 점에서는 긍정적이지만, 운명을 개척해 나가는 사람의 의지가 운명을 만들어 나가는 데 더 중요한 요소라는 점에서 과신은 금물이라고 하겠습니다.

03 세 번째 수업

1 브라헤가 신성과 혜성을 관측하고서 얻은 결과는 특별히 주목할 만한 가치가 있는 발견입니다. 왜냐하면 아리스토텔레스는 달보다 높이 떠 있는 천체는 절대로 변하지 않고, 천제는 고귀해서 반드시 원 궤도를 따라서 움직인다고 했는데 그것에 정면으로 반대되는 결과였기 때문입니다. 신성은 분명히 달보다 높이 떠 있는 천체이지만, 신성은 크기도 변하고 색깔도 변했습니다. 또한 혜성도 하늘에 떠 있는 천제이니, 아리스토텔레스의 주장대로라면 혜성은 원 궤도를 돌아야 합니다. 그러나 브라헤가 발견한 혜성은 타원 궤도를 그리면서 운동했습니다. 이 또한 아리스토텔레스의 예측이 틀린 겁니다.

2 제1법칙 : 행성은 태양을 초점으로 하는 타원 궤도를 돈다.

제2법칙 : 행성이 같은 시간에 지나가는 면적은 어디서나 일정하다.

제3법칙 : 공전 주기의 제곱은 공전 궤도 긴반지름의 세제곱에 비례한다.

04 네 번째 수업

1 자연 현상을 신과 관련해서 꿰맞추었기 때문에 자연 그대로의 모습을 파악하고 이해하는 데 어려움이 있었습니다. 그러므로 자연 현상이 일어났을 때 인간이 하는 대처 또한 많이 미흡할 수밖에 없었습니다. 신 중심의 사고를 버리고 비로소 합리적인 과학적 사고가 가능해진 것입니다.

2 천체에는 탈출 속도가 있습니다. 그리고 탈출 속도는 천체의 중력을 이기는 속도입니다. 천체의 질량이 무거울수록 탈출 속도는 빨라지겠지요. 빛의 속도까지 낼 수 있는 천체도 있을 겁니다. 그러면 중력이 매우 큰 천체는 빛도 빠져나오지 못할 것입니다. 빛이 빠져나오지 못하니 그 천체는 보이지 않을 것입니다.

05 다섯 번째 수업

1 특수 상대성 이론과 일반 상대성 이론을 구분하는 기준은 속도입니다. 특수 상대성 이론은 속도가 변하지 않는 경우에 적용할 수

있는 이론입니다. 그런데 일반 상대성 이론은 속도가 변화하는 경우에도 적용이 가능합니다.

2 아인슈타인은 특수 상대성 이론이라는 걸출한 이론을 내놓고도 만족하지 못했습니다. 그 결정적인 이유는 속도의 변화에 있습니다. 움직이는 물체가 항상 똑같은 속도로만 움직이는 건 아닙니다. 속도가 변하면 특수 상대성 이론을 적용할 수가 없답니다. 이것이 특수 상대성 이론이 안고 있는 취약점이며 한계랍니다.

3 아인슈타인은 공간 자체를 평평하다고 본 것이 아니라 휘어 있다고 보았습니다. 그래서 공간이 평평하다고 본 뉴턴이 생각한 값보다 빛이 더 많이 휘는 것입니다.

4 아인슈타인의 이론에서는 공간이 평평하지 않기 때문입니다. 공간이 약간씩 휘어 있기 때문에 우리가 수학 시간에 배웠던 변이 직선으로 된 도형이 아니라 변이 굽은 도형이 나오는 것입니다. 그래서 기존의 유클리드 기하학으로는 설명할 수가 없고 새로운 기하학인 비유클리드 기하학이 나오게 된 것입니다.

5 아인슈타인의 우주 상태 방정식은 우주가 정지해 있지 않고 팽창이나 수축을 하고 있음을 암시하고 있습니다.

6 과학적으로 입증하려고 노력해야 하지 않을까요. 만약 정말 자신의 연구 결과가 틀렸다고 해도 후배 과학자들에게 생각할 거리를 던져 줄 수 있다는 점에서 그 가치가 있다고 생각합니다.

7 먼 은하가 더 빠르게 멀어지는 것은 은하가 계속 멀어지고 있다는 것, 팽창하고 있다는 사실입니다.

06 여섯 번째 수업

1 별이 기체로 되어 있으면서 공 모양을 유지할 수 있는 이유는 별 중심으로 기체를 잡아당기는 힘, 즉 중력이 있기 때문입니다.

2 별에서는 중력이 안으로 당기는 힘과 중심에서 밖으로 밀치는 열기가 동등한 세기로 작용하고 있답니다. 그래서 별의 크기가 줄어들지 않고, 그 크기를 그대로 유지할 수 있는 것이랍니다. 그런데 별 속의 수소가 다 타 버려 고갈되면 중심에서 바깥으로 밀치는 힘이 약해져 힘의 균형이 깨집니다. 그러면서 별 속의 가스들은 중력에 이끌려 안으로 안으로 끌려 들어가면서 수축을 하게 됩니다.

07 일곱 번째 수업

1 중력이 강해서 수축이 더욱 심하게 진행되면 원자 사이의 틈을 메우는 단계로 접어드는데, 그러면 전자와 원자핵 사이의 거리가 점점 가까워집니다. 그리고 일단 여기서 수축이 멈추게 됩니다. 그 이유는 전자와 전자가 서로 밀치는 힘 때문입니다. 다시 말해 중력이 전자와 전자의 밀치는 힘보다 약하기 때문에 수축이 멈추게 됩니다.

2 중력 붕괴의 끝은 블랙홀입니다. 오펜하이머는 이 결과를 1939년 9월 1일 발표했습니다.

08 마지막 수업

1 헬렌 켈러나 베토벤, 시각 장애인용 점자를 만든 루이 브라이, 미국의 루스벨트 대통령 등. 그들이 어떻게 장애를 이겨 냈는지 살펴보세요. 작은 장애에도 쉽게 절망하는 우리에게 장애를 넘어 희망을 만드는 방법을 알려 준다고 생각지 않나요.

058권 허셜이 들려주는 은하 이야기

01 첫 번째 수업

1 수많은 별들이 모여 있어 마치 별들의 섬처럼 보이는 곳을 '은하'라고 합니다.

2 별과 별 사이에 있는 기체 상태의 물질을 성간 가스라고 부릅니다. 그리고 아주 작은 고체 입자를 우주 먼지라고 부르는데, 우주 먼지의 종류는 물, 철, 규소의 산화물 또는 메탄, 암모니아 같은 유기 물질입니다. 우주 공간에서 별과 별 사이에 존재하는 성간 가스와 우주 먼지를 합쳐 성간 물질이라고 부릅니다.

02 두 번째 수업

1 전파는 지구의 대기를 뚫을 수 있으므로 전파 망원경은 지상에 세울 수 있습니다. 또한 전파는 구름도 뚫을 수 있으므로 날씨의 영향도 받지 않습니다.

2 과학자들은 천체를 관측할 수 있는 망원경을 실은 위성을 대기권 밖에 띄우게 되었는데, 이것을 우주 망원경이라고 합니다.

03 세 번째 수업

1 별 앞에 성간 물질들로 이루어진 두꺼운 구름이 있어 별이 가리기 때문에 생긴 틈입니다. 이 부분의 별을 보기 위해서는 적외선 망원경을 이용합니다.

2 은하수란 수십 개의 별들이 만드는 우리 은하의 일부분인데, 마치 물이 흐르는 것처럼 보여 붙여진 이름입니다.
은하수를 여러분 나름대로 독창적으로 표현해 보세요.

04 네 번째 수업

1 우리 은하는 위에서 보면 나선 모양이고, 옆에서 보면 중앙이 불룩 튀어나온 거대한 원반 모양입니다.

2 은하의 중심에 거대한 중력을 가진 물체가 있어 만유인력으로 나선 팔의 별들을 도망가지 못하게 붙잡기 때문입니다.

05 다섯 번째 수업

1 구상 성단은 별들이 동그랗게 공처럼 모여 있으며, 구상 성단의 별들은 주로 늙은 별들입니다. 반대로 산개 성단의 별들은 흩어져 있습니다.

2 암흑 성운은 성간 물질이 뒤쪽에서 오는 빛을 막아 어둡게 보입니다. 반사 성운은 주위의 별빛을 반사시켜 밝게 빛납니다. 발광 성운은 별빛을 흡수하여 자기 고유의 색깔의 빛을 냅니다.

06 여섯 번째 수업

1 나선 은하는 중심에 핵이 있고 나선 팔이 붙어 있는 납작한 원반 모양입니다.

2 성간 물질들의 회전 속도의 차이 때문에 만들어집니다. 즉 성간 물질들이 회전하면서 은하를 만들 때 다른 속도로 회전하기 때문에 나선 모양이 만들어집니다.

07 일곱 번째 수업

1 대마젤란은하와 소마젤란은하입니다.

2 안드로메다은하는 우리 은하와 비슷한 크기이며, 우리 은하에서 가장 가까운 은하입니다. 또 우리 은하와 같이 나선 은하입니다.

3 은하단은 은하가 무리를 지어 이룬 집단이며, 초은하단은 은하단들로 이루어진 무리입니다.

08 여덟 번째 수업

1 보통의 은하가 일생 동안 방출하는 에너지를 단기간에 폭발적으로 방출하고 있는 은하입니다.

2 M87 은하에서 발생하는 거대한 빛줄기는 블랙홀 근처의 물질들이 빨려들어 가면서 나오는 빛으로 생각했습니다.

3 퀘이사는 젊은 은하에서 발견되는데, 그 은하들의 중심부에는 태양 질량의 1억 배나 되는 거대한 블랙홀이 있습니다. 이 블랙홀이 빠르게 회전하면서 뿜어내는 강력한 빛이 퀘이사를 만듭니다.

09 마지막 수업

1 우주는 은하들이 밀집해 모여 있는 초은하단과 그것들 사이에 은하를 하나도 갖고 있지 않은 빈 공간들로 이루어져 있습니다.

2 1989년 하버드의 겔러와 후크라는 6억 5천만 광년까지의 3차원 우주 지도를 그렸습니다. 그들이 그린 우주 지도에는 공 모양의 거대한 빈 공간이 많이 나타나 있었는데, 그곳을 거품이라고 합니다.

059권 허블이 들려주는 우주 팽창 이야기

01 첫 번째 수업

1 지구를 중심으로 태양을 비롯한 다른 행성들이 돈다고 믿는 이론을 천동설이라고 부릅니다. 지동설은 천동설과 반대로 태양을 중심으로 지구를 비롯한 다른 행성이 돈다고 믿는 이론입니다.

2 천동설은 행성이 거꾸로 도는 것을 설명할 수 없었습니다. 행성들은 대개 서에서 동으로 도는데 가끔씩 동에서 서로 도는 현상이 관측되었습니다. 하지만 천동설로는 이런 현상에 대해 설명할 수가 없었습니다. 코페르니쿠스는 태양 중심의 우주 모형을 세우고 이러한 현상은 행성과 태양의 거리가 다르고, 지구가 먼 거리에 있는 행성보다 더 빨리 태양 주위를 돌기 때문에 일어나는 일이라고 생각했습니다.

02 두 번째 수업

1 데카르트는 태양이나 지구와 같이 우주에 있는 많은 천체들이 서로 떨어지지 않고 지

구가 태양 주위를 도는 현상에 대해, 우주의 천체와 천체 사이에는 '프레남'이라는 물질이 가득 차 있고 천체들이 움직이면 이들 프레남들도 운동을 하게 되어 그 영향력이 우주 전체로 퍼져 나간다고 생각했습니다. 데카르트가 프레남이라는 물질을 주장한 까닭은 떨어져 있는 물체는 서로에게 영향을 주지 않는다고 생각했기 때문인데, 이는 데카르트가 힘의 정의를 알지 못했기 때문입니다. 이 점에 대해 뉴턴은 두 물체가 떨어져 있어도 그 거리의 제곱에 반비례하고 두 물체의 질량의 곱에 비례하는 힘이 작용하므로 두 물체 사이에 프레남과 같은 물질이 있을 필요가 없다고 생각했습니다.

2 뉴턴은 3차원 공간이 곧 우주이고 그 공간이 제한되면 우주가 붕괴하므로 우주는 무한해야 한다고 생각했습니다. 만일 우주가 유한하다면 우주에 질량을 가진 천체들은 만유인력 때문에 서로 달라붙어 우주가 붕괴될 것이므로 우주는 무한해야 한다는 것입니다.

03 세 번째 수업

1 파동이란 각 지점의 진동이 옆으로 전해지는 것을 말하며 파동을 만드는 물질을 매질이라고 부릅니다. 그렇다면 빛의 경우 매질은 무엇일까요? 놀랍게도 빛은 매질이 없는 파동입니다. 즉 빛은 매질이 없어도 진행되는 파동인 셈입니다.

2 음파의 경우, 소리는 파장이 짧을수록 높은 음이 됩니다. 관측자로부터 멀어지는 파동은 파장이 길어지고, 가까워지는 파동은 파장이 짧아집니다. 이것이 도플러 효과입니다. 빛도 파동이므로 도플러 효과가 나타납니다. 빛이 관측자로부터 멀어지면 파장이 긴 빛인 빨간빛으로 관측되고, 가까워지면 파장이 짧은 보랏빛으로 관측됩니다.

04 네 번째 수업

1 "모든 방향에 별이 있다면 왜 밤하늘은 어두울까?"라는 질문처럼 알쏭달쏭한 문제를 역설이라고 하는데, 이 질문을 처음 던진 과학자가 올베르스이므로 올베르스의 역설이라고 부릅니다.

2 올베르스의 역설은 우주 지평선을 통해서 해결되었습니다. 우주는 태초부터 계속 팽창하여 지금의 크기가 되었습니다. 지금 우주의 나이는 150억 살입니다. 그렇기 때문에 빛이 갈 수 있는 거리도 150억 광년입니다. 그러므로 이 거리보다 먼 곳에 있는 별

에서 나오는 별빛은 아직까지 지구에 오지 않았습니다. 즉 지금 오고 있는 중입니다.

05 다섯 번째 수업

1 아인슈타인은 만유인력과 크기가 같은 척력(밀어내는 힘)이 있어 은하들이 달라붙지 않고 평형을 유지한다고 생각했습니다.

2 허블은 지름 2.5m의 반사 망원경을 통하여 우주를 관측하다가 안드로메다은하에서 밝기가 변하는 주기가 30일인 변광성을 발견하여 이 변광성까지의 거리를 결정했습니다. 그런데 그 거리는 90만 광년으로 측정되었습니다. 이 거리는 우리 은하의 크기인 10만 광년보다 크므로 그 변광성은 다른 은하에 있다는 것을 알아냈습니다. 즉 새로운 은하를 발견한 것인데 이것이 바로 안드로메다은하입니다.

3 우주의 모양에 대해 처음 이야기한 사람은 아인슈타인입니다. 1917년 아인슈타인은 우주가 팽창하지도 수축하지도 않고 정지해 있다고 생각했습니다. 그러나 프리드만과 르메트르는 우주의 밀도에 따라 우주의 모습이 달라진다고 생각했습니다. 우주의 밀도가 작으면 영원이 팽창하고 밀도가 크면 우주는 적당한 크기가 될 때까지 팽창하다가 그 이후부터는 수축을 하게 된다고 생각했습니다.

06 여섯 번째 수업

1 허블은 다른 은하에 있는 별들의 (밝기)로부터 그 은하까지의 (거리)를 알 수 있고, 그 별에서 나온 빛이 빨간빛으로 변하는 속도로부터 은하가 우주에서 멀어지는 (속도)를 알 수 있었다. 이를 수식으로 나타내면 '$V=H\times r$' 입니다.

2 은하 사이의 거리를 정확하게 측정할 수 없어 거리 r가 불확실하기 때문에 생긴 것입니다.

07 일곱 번째 수업

1 영국의 호일과 본디는 빅뱅 이론을 부정하는 새로운 우주론을 주장했는데 이것이 정상 우주론입니다. 그들은 우주가 옛날에도 지금과 같은 모습이었으며 앞으로도 지금과 같은 모습을 유지할 것으로 생각했는데 이러한 그들의 이론을 정상 우주론이라고 부릅니다.

이 이론에 의하면 우주는 시작도 끝도 없으므로 우주의 나이는 생각할 필요가 없으며 굳이 우주의 나이를 이야기하자면 무한대라고 말할 수 있다는 것입니다. 또 정상 우주론에서는 우주가 팽창하더라도 한결같이 똑같은 모습을 가지려면 팽창하는 공간에 물질이 끊임없이 생겨나야 한다고 주장합니다. 이렇게 우주 공간 속에 물질이 끊임없이 만들어진다고 해서 정상 우주론을 연속 창조설이라고도 부릅니다.

이에 반해 빅뱅 이론은 우주가 한 점에서 폭발하고 점점 팽창해 지금의 크기가 되었다는 이론입니다. 그러므로 빅뱅 이론에서는 우주의 나이를 유한하다고 봅니다.

2 과거에는 전파를 내는 전파 은하가 많고 지금은 전파 은하가 없다는 사실 때문이었습니다. 이 문제는 우주의 은하들이 시간에 따라 달라지고 있다는 것을 말하는 것입니다. 또한 그 뒤 1960년대 중반에 퀘이사라는 천체가 발견되었는데 이 경우도 우리 은하 근처에서는 퀘이사를 발견할 수 없었습니다. 이 발견으로 정상 우주론의 패색이 짙어지게 되었습니다. 그리고 결정적으로 우주 배경 복사선의 관측은 우주가 아주 뜨거운 상태에서 생겨 팽창을 통해 식어 왔다는 빅뱅 이론에 승리를 가져다주었습니다.

08 여덟 번째 수업

1 입자와 반입자가 만나면 모두 죽게 됩니다. 그러니까 입자가 반입자와 부딪치면 둘 다 사라지고 에너지가 큰 빛만이 나오게 됩니다.

2 인플레이션 이론이란 빅뱅이 일어나는 아주 짧은 시간 동안 우주가 갑자기 아주 크게 팽창하는 것을 말합니다. 우주는 아주 짧은 순간 동안 큰 팽창을 하여 처음 우주 크기의 10000000000000000000000000000배의 크기가 되었다는 것입니다.

09 마지막 수업

1 우리 은하와 같은 나선 은하는 불안정하여 은하 속의 별들이 우주로 도망쳐 은하의 구조가 깨질 수 있습니다. 하지만 헤일로라는 거대한 공 모양의 암흑 물질이 우리 은하를 에워싸고 있어 우리 은하는 안정된 모습을 가지게 됩니다.

2 광대한 우주에서 우리 지구를 보면 아주 조그만 일에 싸우고 분노하는 우리들의 모습이 한없이 작게 느껴질 수도 있습니다. 우주처럼 드넓은 가슴과 우주를 감싸 안을 수 있는 큰 꿈과 열린 마음으로 세상을 보는 지혜의 눈을 가지길 바랍니다.

060권	아레니우스가 들려주는 반응 속도 이야기

01 첫 번째 수업

1 어떤 물질이 다른 물질과의 상호 작용으로 새로운 물질로 변화하는 현상을 화학 반응이라고 합니다. 생활 속에서 음식이 조리되는 과정이나 사과가 갈색으로 변화하는 과정이나 벌레에 물려 약을 바르는 것도 다 화학 반응입니다.

2 반응물이란 반응하기 전의 물질을 말하고, 생성물이란 반응을 통해 새롭게 생성된 물질을 말합니다.

3 수소 기체와 산소 기체가 2:1의 부피비로 반응하여 2부피의 수증기가 생성되므로 수소 기체와 산소 기체는 반응물이고, 수증기는 생성물입니다.

4 온도가 낮아지면 반응 속도가 느려지기 때문입니다.

02 두 번째 수업

1 먼저 충돌이 일어날 수 있게 반응 입자들이 가진 에너지가 일정 한계 이상이어야 하고 서로 적합한 방향으로 충돌이 일어나야 합니다.

2 유효 충돌이라고 합니다.

03 세 번째 수업

1 반응이 일어나도록 최소한 가해 주어야 하는 에너지를 활성화 에너지라고 합니다. 즉, 반응에 참여하기 위해서는 이 에너지 이상의 에너지를 갖는 반응 입자가 있어야만 합니다. 활성화 에너지가 크면 그 이상의 에너지를 갖는 입자의 수가 적어 반응이 느리게 진행되고, 활성화 에너지가 작으면 반대로 반응 속도가 빨라집니다.

04 네 번째 수업

1 반응 속도가 느린 경우입니다. 느린 반응은 반응의 진행 과정을 바로 눈으로 확인할 수가 없습니다.

2 결합의 재배열이 일어나는 반응은 화학 반응 속도가 대체로 느리며 결합의 재배열이 일어나지 않은 반응은 화학 반응의 속도가 빠릅니다.

05 다섯 번째 수업

1 반응물의 농도가 증가할수록 반응물끼리 충돌할 횟수도 늘어나므로 반응 속도가 빨라집니다.

2 농도는 반응 속도에 영향을 미치는 요인입니다. 반응물 중 어느 한 가지만의 농도가 짙어져도 속도는 빨라집니다.

06 여섯 번째 수업

1 압력이 커지면 부피가 작아져서 결국 농도가 진해진 것과 같은 영향을 미치기 때문입니다. 즉 반응 입자 수는 그대로인데, 압력의 상승으로 부피가 감소하였다면 반응물의 충돌 횟수는 증가합니다.

07 일곱 번째 수업

1 가루약이 알약보다 표면적이 더 넓으므로 흡수가 빠릅니다. 반응물의 표면적이 늘어날수록 반응 속도가 빠릅니다. 반응물의 표면적이 늘어날수록 반응물끼리 충돌할 수 있는 접촉 면적이 증가합니다. 그러므로 표면적이 증가하면 충돌 횟수가 증가하여 반응 속도는 빨라집니다.

08 여덟 번째 수업

1 온도가 높아지면 반응하여야 할 입자들의 평균 운동 에너지가 증가합니다. 입자들의 에너지가 증가하면 입자들은 빠르게 움직입니다. 그리고 입자들의 운동 속도가 빨라지면 반응이 가능한 입자 수가 증가합니다. 즉, 활성화 에너지 이상의 에너지를 갖는 입자들이 많아지면 반응 속도는 빨라집니다.

09 아홉 번째 수업

1 정촉매는 반응이 빨리 일어나도록 도와주고, 부촉매는 반응이 느리게 일어나도록 도와줍니다.

10 마지막 수업

1 가지 달린 시험관을 이용합니다. 시험관의 가지 부분에는 눈금이 그려진 주사기가 달려 있는데, 산소 기체가 발생하면 주사기의 피스톤이 뒤로 밀립니다. 이렇게 해서 기체의 양을 측정할 수 있습니다.

2 시간당 발생하는 기체의 부피이므로 부피의 단위를 mL라고 한다면 mL/초, mL/분이라고 씁니다.